ZEITSCHRIFT FÜR MIKROELEKTRONIK · COMPUTERTECHNIK · INFORMATIK

Heft 5 · 1987

Mikroprozessortechnik

VEB Verlag Technik Berlin

ISSN 0233-2892

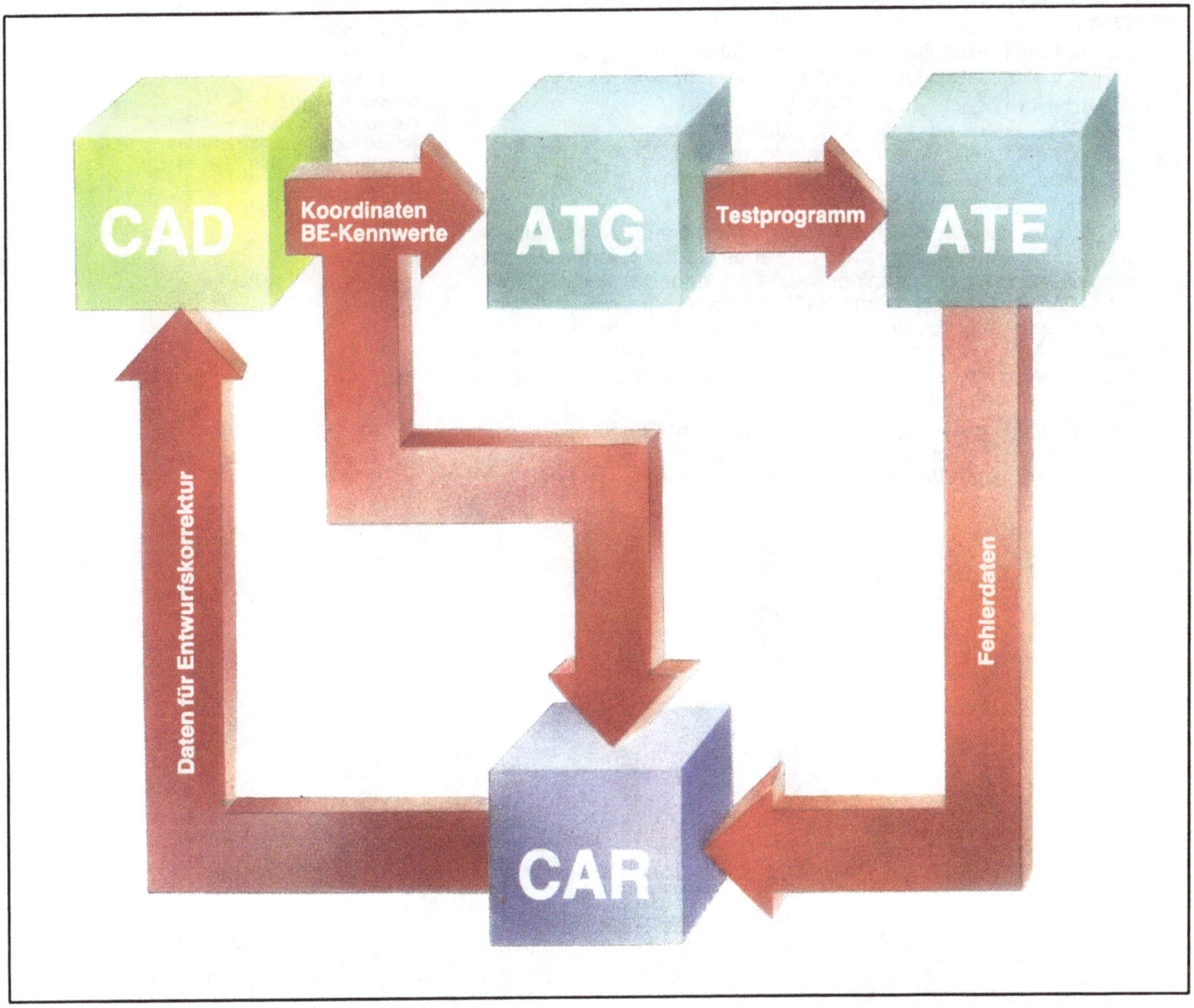

Fertigungsorientierte Meß- und Prüftechnik – Stand und Tendenzen

Software für Mehrmikrorechnersysteme

Schneller 12-Bit-A/D-Wandler C 574 C

Zeitschrift für Mikroelektronik · Computertechnik · Informatik
1. Jahrgang · ISSN 0233-2892

Mikroprozessortechnik, Heft 5 · 87

Herausgeber Kammer der Technik, Fachverband Elektrotechnik

Verlag VEB Verlag Technik, Oranienburger Str. 13/14, DDR-1020 Berlin; Telegrammadresse: Technikverlag Berlin; Telefon: 287 00, Telex: 011 2228 techn dd

Verlagsdirektor Klaus Hieronimus

Redaktion Ingo Paszkowsky, Verantwortlicher Redakteur (Tel.: 2870203); Hans Weiß, Redakteur (Tel.: 2870371); Sekretariat Tel.: 2870381

Gestaltung Christina Kaminski (Tel.: 2870288)

Titel: Keller

Lizenz-Nr. 1710 des Presseamtes beim Vorsitzenden des Ministerrates der Deutschen Demokratischen Republik

Gesamtherstellung Druckerei Märkische Volksstimme Potsdam

Redaktionsschluß: 26. März 1987

AN (EDV) 49837

Erscheinungsweise monatlich 1 Heft

Heftpreis 5,– M, Abonnementspreis vierteljährlich 15,– M; Auslandspreise sind den Zeitschriftenkatalogen des Außenhandelsbetriebes BUCHEXPORT zu entnehmen.

Bezugsmöglichkeiten
DDR: sämtliche Postämter; *SVR Albanien:* Direktorije Quendrore e Perhapjes dhe Propaganditit te Librit Rruga Konference e Pezes, Tirana; *VR Bulgarien:* Direkzia R.E.P., 11a, Rue Paris, Sofia; *VR China:* China National Publications Import and Export Corporation, West Europe Department, P.O. Box 88, Beijing; *ČSSR:* PNS – Ustřední Expedicia a Dovoz Tísku Praha, Slezská 11, 120 00 Praha 2, PNS, Ústredna Expedicia a Dovoz Tlače, Pošta 022, 885 47 Bratislava; *SFR Jugoslawien:* Jugoslovenska Knjiga, Terazija 27, Beograd; Izdavačko Knjižarsko Produzeće MLADOST, Ilica 30, Zagreb; *Koreanische DVR:* CHULPANMUL Korea Publications Export & Import Corporation, Pyongyang; *Republik Kuba:* Empresa de Comercio Exterior de Publicaciones, O'Reilly No. 407, Ciudad Habana; *VR Polen:* C.K.P.i.W. Ruch, Towarowa 28, 00-958 Warszawa; *SR Rumänien:* D.E.P. Bucureşti, Piaţa Scînteii, Bucureşti; *UdSSR:* Sämtliche Abteilungen von Sojuzpečat' oder Postämter und Postkontore; *Ungarische VR:* P.K.H.I., Külföldi Előfizetési Osztály, P.O. Box 16, 1426 Budapest; *SR Vietnam:* XUNHASABA, 32, Hai Ba Trung, Há Nội; *BRD und Berlin (West):* ESKABE Kommissions-Grossobuchhandlung, Postfach 36, 8222 Ruhpolding/Obb.; Helios-Literatur-Vertriebs-GmbH, Eichborndamm 141–167, Berlin (West) 52; Kunst und Wissen Erich Bieber OHG, Postfach 46, 7000 Stuttgart 1; Gebrüder Petermann, BUCH + ZEITUNG INTERNATIONAL, Kurfürstenstraße 111, Berlin (West) 30; *Österreich:* Helios-Literatur-Vertriebs-GmbH & Co. KG, Industriestraße B 13, 2345 Brunn am Gebirge; *Schweiz:* Verlagsauslieferung Wissenschaft der Freihofer AG, Weinbergstr. 109, 8033 Zürich; *Alle anderen Länder:* örtlicher Fachbuchhandel; BUCHEXPORT Volkseigener Außenhandelsbetrieb der Deutschen Demokratischen Republik, Postfach 160, DDR-7010, und Leipzig Book Service, Talstraße 29, DDR-7010 Leipzig

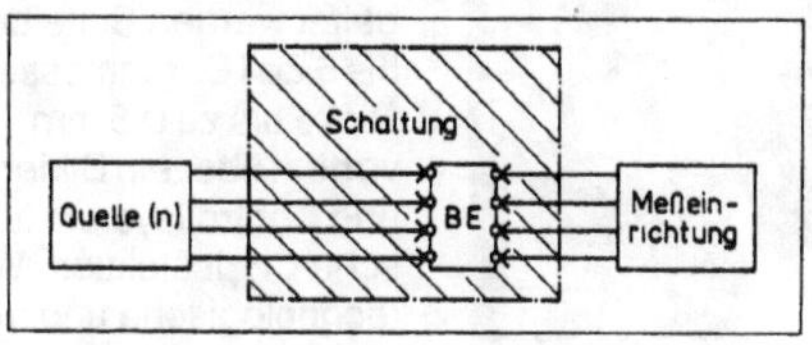

Seite 131

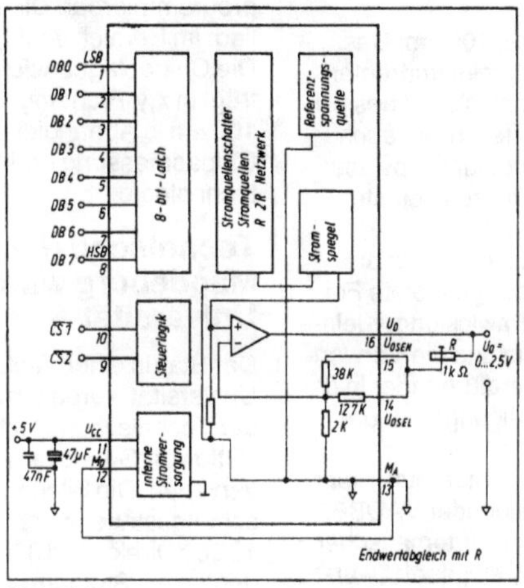

Seite 140

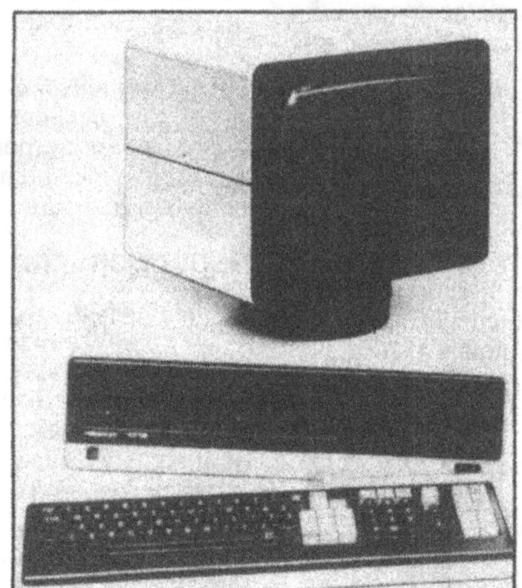

Werkfoto

LFM '87

Unser Bericht von der Leipziger Frühjahrsmesse gibt einen Überblick über den wiederum stark vertretenen Bereich der Computertechnik und ihrer Bauelementebasis.
Für viele Anwender und für potentielle Nutzer von Interesse war zum Beispiel der weiterentwickelte PC 1715, der jetzt u. a. eine noch bessere Textverarbeitung erlaubt. Dazu dienen die Tastatur mit dem Textprozessor TP, mit entsprechenden Funktionstasten und in der deutschen Version mit Umlauten sowie ein spezielles Softwarepaket mit einer Fülle von Funktionen, unter anderem auch zur Arbeit mit Dateien (KOMBO-Druck).

Inhalt

Technologische Ausrüstungen zur Chipherstellung

Geräte für die Hochtechnologien stellte das Kombinat VEB Carl Zeiss JENA auf der Leipziger Frühjahrsmesse 1987 vor. In einem Raum in Halle 14 war eine Gerätestrecke für die Chipherstellung zu sehen. Das erste Glied bildete dabei der automatische Vielfachsondentaster AVT 120. Mit ihm erfolgt die elektrische Prüfung der Schaltungen auf den Halbleiterscheiben nach dem Zyklus I. Es können statische und dynamische Tests an analogen und digitalen Schaltungen durchgeführt werden. Die Ein- und Ausgabe der Halbleiterscheiben – sie können einen Durchmesser von 76 bis 150 mm (3 bis 5 Zoll) besitzen – kann neben der automatischen, magazinierten Form auch manuell erfolgen. Die bauelementespezifischen Daten (Durchmesser, Dicke usw.) können wahlweise über Tasten oder durch ein austauschbares EPROM eingegeben werden. Durch einen Kreuztisch mit linearen Schrittantrieben werden in Verbindung mit dem dazugehörigen Stellsystem die Halbleiterscheiben in den 4 Koordinaten x, y, z und φ positioniert. Die Schritteinheit beträgt 5 μm; der Positionierfehler liegt bei $\pm$ 10 μm (bei 20°C). Als Steuerrechner fungiert ein K 1520. MDB10 und MDB20 sind manuelle Drahtbonder. Der MDB20 ist ein Golddrahtbonder für die Thermosonic- und Thermokompressionskontaktierung. MDB10 ist dagegen ein Ultraschallbonder zur Kontaktierung von Aluminiumdrähten mit einer Stärke

2 *Fotos: Paszkowsky (2)*

von 17,5 μm bis 100 μm. Das Bonden mit Aluminiumdrähten hat nicht nur den Vorteil des billigeren Rohstoffes, es ist auch besser geeignet für Chips, die nur wenig thermisch belastet werden können.
Für beide Geräte werden als Hauptanwendungsgebiete Forschung und Entwicklung, Kleinserienfertigung und die Verwendung als Reparaturbonder in der Großserienfertigung angegeben.
In der Großserienfertigung kann der Ultraschallbonder VADB60 (Bild 1) – ein Vollautomatischer Drahtbonder – eingesetzt werden. Zwei Gerätegrundvarianten für Hybridbauelemente und Trägerstreifen erschließen ein breites Anwendungsgebiet. Als charakteristische Merkmale und Vorteile werden u. a. angegeben: drehbarer Bondkopf mit programmierbarer z-Bewegung, Aufbau von Magazin-zu-Magazin-Transportsystem oder Bauteilaufnahme, programmierbare Bondparameter und automatische Bondkontrolle. Als Draht wird AlSi mit einem Durchmesser von 25 bis 50 μm verwendet.

1

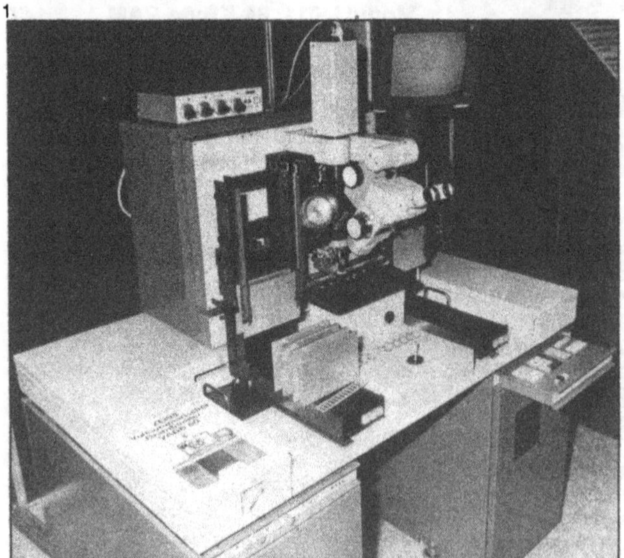

Zwei K 1520 dienen als Steuerrechner.
Spitzenmodell war der vollautomatische Chipbonder VACB01 (Bild 2), der mit hoher Genauigkeit verschiedene Montagetechnologien ausführen kann. Verarbeitet werden Scheiben von 2 bis 6 Zoll Durchmesser und einer Dicke bis zu 0,6 mm. VACB01 verfügt über ein Bilderkennungs- und Kontrollsystem für automatische Chipselektion. Wichtige technologische und maschinentechnische Parameter sind frei programmierbar. Die Bondzeit liegt im Bereich von 0,1 bis 10 s. Die Chipablageunsicherheit beträgt in x,y-Richtung $\pm$ 50 bis 100 μm in Abhängigkeit von Chipabmessung und Montagetechnologie. *MP*

Technische Hochschule Magdeburg wurde Universität

Der Status einer Technischen Universität wurde am 23. März der Technischen Hochschule „Otto von Guericke" Magdeburg verliehen. Die Bildungs- und Forschungsstätte, an der bisher 16000 Direkt- und 3000 Fernstudenten ein Studium absolvierten, war 1953 als Hochschule für Schwermaschinenbau gegründet worden.
Auf der Grundlage von 15 Koordinierungs- und über 140 Leistungsverträgen arbeitet die Universität eng mit Kombinaten und Betrieben zusammen.

Neuer Schachcomputer

Der Schachcomputer CMC „Diamond" ist eine Weiterentwicklung des Schachcomputers „Chess Master". Er wurde u. a. durch den Steckplatz für eine Programmkassette zur Programmerweiterung ergänzt. Die Zugeingabe erfolgt auch hier automatisch über Sensorfelder. Der CMC hat 16 KByte ROM und 3 KByte RAM. Über eine 4stellige alphanumerische LED können die Zeit, die Anzahl der Züge sowie die Stellungsbewegung ausgegeben werden. Acht Spielstufen, zwei Analysestufen und vier Mattstufen sind einstellbar.

Informationsbank Software

Anfang 1986 wurde die *Zentrale Informationsbank Software* ZIBS gegründet, die die Mehrfachnutzung von Software-Lösungen ermöglichen soll. Gegenwärtig sind in der ZIBS rund 10 000 unterschiedliche Software-Lösungen gespeichert. Jeder Betrieb ist verpflichtet, vor Beginn seiner Entwicklungsarbeiten im VEB Datenverarbeitungszentrum, Kennwort: Software, PF 408, Dresden, 8012 nach bereits vorhandenen Lösungen anzufragen bzw. Informationen über eigene Software an die Informationsbank zu übergeben.

Termine

XII. Fachtagung Mikroelektronik
Dezentrale Informationsverarbeitung bei der Automatisierung technischer Prozesse, Meßtechnik und der Bürodatenverarbeitung

WER? Ingenieurschule für Elektronik und Informationsverarbeitung
WANN? 3.–5. Mai 1988
WO? Stadthalle Görlitz
WAS? Aufzeigen von Notwendigkeiten und Möglichkeiten der dezentralen Informationsverarbeitung. Dabei stehen folgende Themenkomplexe im Vordergrund:

- Einsatz lokaler und globaler Netze in der Bürodatenverarbeitung
- lokale Netze in der Prozeßautomatisierung und in der Meßtechnik
- Software und Hardware für Mikrorechnerkopplungen
- nachnutzungsfähige Komplexlösungen unter Einsatz von Mikrorechnern für die Automatisierungstechnik
- verallgemeinerungsfähige Teillösungen aus größeren Automatisierungsprojekten
- Projekte und Einsatzerfahrungen unter Nutzung industriell gefertigter Mikrorechnersysteme
- Methoden und Erfahrungen zur Entwicklung und Implementierung von Programmsystemen für die dezentrale Informationsverarbeitung.

Die Veranstaltung ist wie immer mit einer Ausstellung gekoppelt, die gemeinsam mit dem VEB Maschinenbauhandel Berlin zu Problemen der elektronischen Meßtechnik gestaltet wird. Ferner besteht die Möglichkeit, die in den Vorträgen vorgestellten Lösungen auf dieser Ausstellung im Original vorzuführen.
WIE? Vortragsanmeldungen (mit Thema und Schwerpunkten) und Teilnahmemeldungen bis spätestens 1. September 1987 an: Ingenieurschule für Elektronik und Informationsverarbeitung „Friedrich Engels", Dr. Ulrich, Boleslaw-Bierut-Str. 1, Postfach 151, Görlitz, 8900.
Dr. Ulrich

Fertigungsorientierte Meß- und Prüftechnik

Stand und Tendenzen

Dr. Uwe Bühn
VEB Robotron-Meßelektronik
„Otto Schön" Dresden

1. Aufgaben und Ziele der Meß- und Prüftechnik

Jeder Fertigungsprozeß ist prinzipiell fehlerbehaftet, weil es

- keine fehlerfrei produzierende technologische Einrichtung

und

- keinen fehlerfrei arbeitenden Menschen

gibt.

Trotzdem besteht die Notwendigkeit, ein (nahezu) fehlerfreies Endprodukt auszuliefern und dafür eine bestimmte Zuverlässigkeit zu garantieren.
Die in den Prozeß integrierte Meß- und Prüftechnik (MuP) verfolgt deshalb zwei strategische Ziele:

- Sicherung der Erzeugnisqualität durch Erkennen und Beseitigen von Fehlern (Bekämpfung der Wirkungen) als Nahziel und
- Verbesserung der Erzeugnisqualität durch Erkennen und Beseitigen der Fehlerursachen als Fernziel.

Das für den ersten Fall gültige Trivialmodell zeigt Bild 1.
Jedes fehlerhafte Produkt zirkuliert solange in der Test- und Reparaturschleife, bis es im Rahmen der möglichen Fehlererkennung als fehlerfrei bewertet wird.
Das Modell gibt zunächst noch keine Auskunft darüber, *was, wo* und *womit* geprüft werden soll. Um diese Fragen beantworten zu können, benötigt man eine detaillierte Prüfstrategie, und diese wiederum wird ausschließlich durch die Ökonomie bestimmt.
Als Faustregel dafür ist international seit Jahren die sogenannte „Zehnerregel" bekannt (Bild 2), die besagt, daß zur Beseitigung eines in den Prozeß eingeschleppten (Bauelemente-)Fehlers von Prozeßstufe zu Prozeßstufe mit dem Faktor 10 wachsende Kosten aufzuwenden sind.
Diese Regel hat sich inzwischen als sehr grob herausgestellt, da sie die im Prozeß erzeugten Fehler und andere Fehlerquellen nicht berücksichtigt.
Eine genauere Analyse zeigt, daß es zwei Hauptfehlergruppen gibt, nämlich:

- Fehler, die als Input in den Prozeß eingesteuert und
- Fehler, die im Prozeß generiert werden.

Zur ersten Gruppe gehören neben den viel zitierten Bauelementefehlern alle Arten von Entwurfsfehlern (Schaltungsfehler, Topologiefehler, Fehler in den technologischen Vorschriften). In der zweiten Gruppe dagegen dominieren Lötfehler, Verbindungsfehler und Bestückungsfehler.
Experten haben bis zu 500 mögliche Einflußgrößen ermittelt, die von den konkreten Prozeßbedingungen abhängen.
Die Optimierung des Gesamtprozesses ist daher ein aufwendiges Rechenproblem, zu dessen Lösung inzwischen ganze Softwarepakete angeboten werden (z. B. ESCAPE der Firma Orion).
International haben sich folgende Erkenntnisse durchgesetzt:

- Fehler nicht „um jeden Preis" vermeiden, aber dort erkennen und beseitigen, wo sie erzeugt werden.
- Die Prüfstrategie muß flexibel sein auf Basis einer weitgehend konfigurierbaren Hard- und Software.

Zur Realisierung flexibler Strategien wird auf dem internationalen Markt eine Riesenpalette von Testeinrichtungen angeboten, die trotz ihrer Vielfalt auf die für die Elektronikindustrie typischen Prozeßstufen orientiert ist.
Bild 3 zeigt das klassische Prozeßmodell mit den zugeordneten Prüfprozessen und Testerkategorien.
Welche Bedeutung international der Meß- und Prüftechnik beigemessen wird, sei an drei Zahlen verdeutlicht:

- 1982 betrug der Weltumsatz an Leiterplatten-Testern 0,5 Mrd. US-$
- 1984 erreichte er 1,3 Mrd. US-$

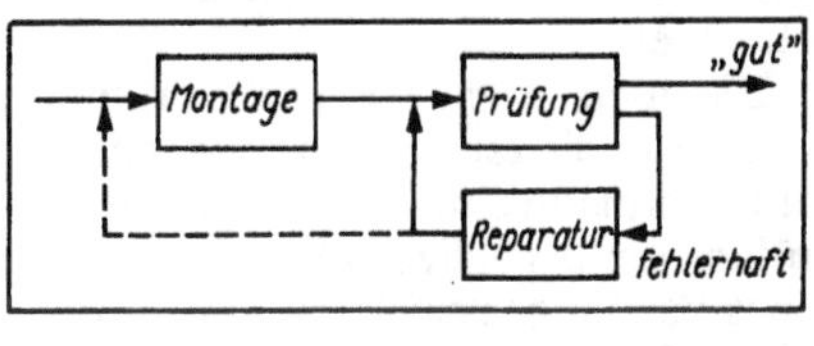

Bild 1 Trivialmodell eines Fertigungsabschnittes mit Montage-, Prüf- und Reparaturprozeß

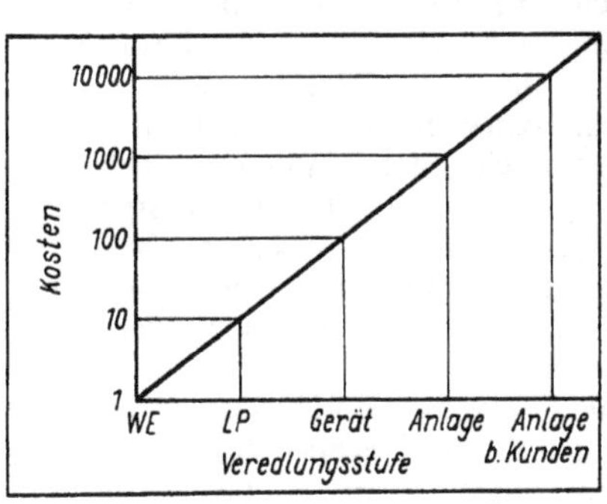

Bild 2 Relative Kosten für die Lokalisierung und Beseitigung eines in den Prozeß eingeschleppten (Bauelemente-)Fehlers in Abhängigkeit vom Veredelungsgrad
WE – Wareneingang; LP – Leiterplatte montiert

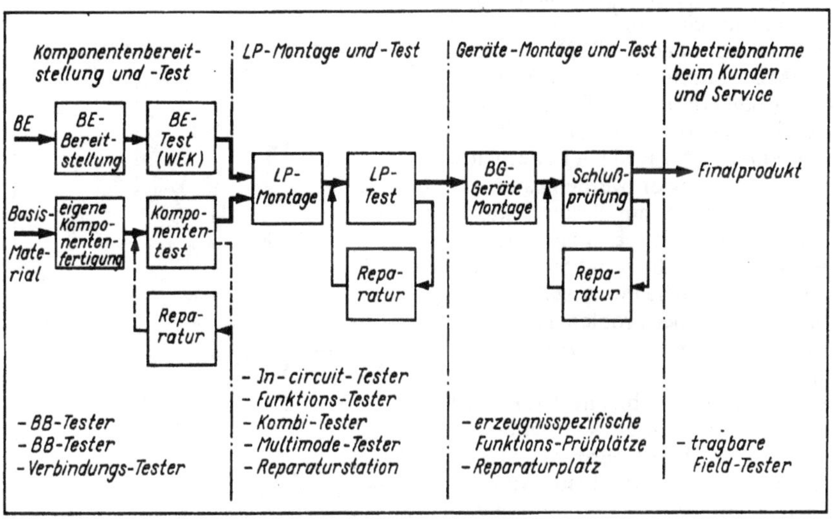

Bild 3 Klassisches Modell einer Fertigungslinie für elektronische Erzeugnisse mit zugeordneten Prüfprozessen und Testeinrichtungen
BE – Bauelement
BB – Bare Board = ULP
LP – Leiterplatte

und für
- 1986 wurde ein Weltumsatz von über 3 Mrd. US-$ prognostiziert.

Der Umsatz an Bauelemente-Testern lag etwa in gleicher Größenordnung. Das sind Steigerungsraten, wie sie kein anderer Zweig der Elektronik aufweisen kann.

2. Zum internationalen Stand

Es ist nicht Anliegen dieses Beitrages, technische Daten von Testeinrichtungen verschiedener Hersteller zu vergleichen. Vielmehr sollen einige typische Erscheinungen und technisch-ökonomische Aspekte betrachtet werden.

2.1. Komponenten-Test und Wareneingangskontrolle

- *Schaltkreise*

Noch vor wenigen Jahren galt international eine 100%ige Wareneingangskontrolle (meist gekoppelt mit Burn-In) als ungeschriebenes Gesetz. Dafür werden Tester in allen Preiskategorien angeboten.
Mit dem Aufkommen der VLSI-Technik haben nun selbst finanzstarke Hersteller elektronischer Geräte nach preisgünstigeren Alternativen gesucht, da sich die erforderlichen Investitionen im Bereich jenseits von 1 Mill. US-$ bewegen.
Eine mögliche Alternative ist der Abschluß von Qualitätsvereinbarungen mit dem Bauelementehersteller, wobei letzterer gegen Aufpreis vereinbarte Qualitätsparameter garantiert und bei Nichterfüllung harte Sanktionen in Kauf nimmt.
Mit anderen Worten, beide Parteien teilen Risiko und Kosten unter dem Aspekt eines für jede Seite maximal möglichen Profits.

- *Unbestückte Leiterplatten*

Der Bare-Board-Test, d. h. die Prüfung der Rohleiterplatte auf Unterbrechungen und Kurzschlüsse, gewinnt mit zunehmendem Schwierigkeitsgrad und der verstärkt angewandten SMD-Technologie (SMD – Surface Mounted Devices, oberflächenmontierbare Bauelemente) an Bedeutung, da ein möglicher Fertigungsfehler an der fertigen Leiterplatte kaum noch korrigiert werden kann. Spitzenerzeugnisse auf diesem Sektor verfügen über einige zehntausend Pins (Beispiel Fluke 3200 A mit 65000 Pins), wobei die maximale Pin-Anzahl heute kein elektronisches Problem mehr ist, sondern in erster Linie ein Adaptierungsproblem.
Deshalb wurde auch hier nach Lösungen gesucht, die den teuren Adapter umgehen. Dazu wurde von der Firma MANIA mit dem optischen Tester MOP 5000 eine interessante Variante auf den Markt gebracht. Dieser Tester tastet die Leiterplatte mit 8 Kameras und einer Geschwindigkeit von 1 MBit/s optisch ab und ermöglicht einen Durchsatz von 12 m^2 Fläche/Stunde. Dies entspricht etwa dem Durchsatz konventioneller Bare-Board-Tester, wobei jedoch kein spezifischer Adapter erforderlich ist. Die Sollinformation wird von einer Gutkarte abgenommen. Die Feinzentrierung der Leiterplatte erfolgt mit den Mitteln der Bildverarbeitung.

Dr.-Ing. Uwe Bühn (52) studierte von 1956–1961 an der Technischen Hochschule Ilmenau Hochfrequenztechnik. Nach einer Assistenzzeit an der gleichen Einrichtung arbeitete er von 1965 bis 1979 als Entwicklungsingenieur im damaligen VEB Funkwerk Dresden (jetzt VEB Robotron Meßelektronik, MKD). Während dieser Zeit war er im Auftrag des M für Elektrotechnik und Elektronik bzw. der UNIDO mehrmals als Spezialist in der ARÄ eingesetzt.
Seit 1980 ist er Leiter der Abteilung Meß- und Prüftechnik im VEB Robotron Meßelektronik. Dr. Bühn ist Träger zahlreicher Auszeichnungen – u. a. Verdienter Erfinder – und Inhaber von 47 Patenten.

- *Verdrahtungsrahmen*

Rückverdrahtungen, soweit sie nicht als flexible oder starre Leiterplatte ausgeführt sind, werden grundsätzlich einem Verbindungstest unterzogen. Allerdings gibt es nur wenige Firmen, die Verbindungstester anbieten (z. B. WEE/BRD). Dies läßt darauf schließen, daß die Wickelverdrahtung an Bedeutung verliert.

2.2. Board-Test

Der unwahrscheinlich harte Konkurrenzkampf, der auf dem Gebiet des Board-Tests (Prüfung bestückter Leiterplatten) von mehr als zweihundert Firmen ausgetragen wird (wobei die 4 „Großen", nämlich GenRad, Membrain, Marconi und Zehntel über 50% des Marktes beherrschen), läßt den Schluß zu, daß die bestückte Leiterplatte (BLP) auch weiterhin die zentrale Baugruppe der Elektronik bleiben wird. Zum besseren Verständnis der gegenwärtigen Situation seien an dieser Stelle einige Erläuterungen zu den Begriffen „Funktionstest" und „In-Circuit-Test" eingefügt.

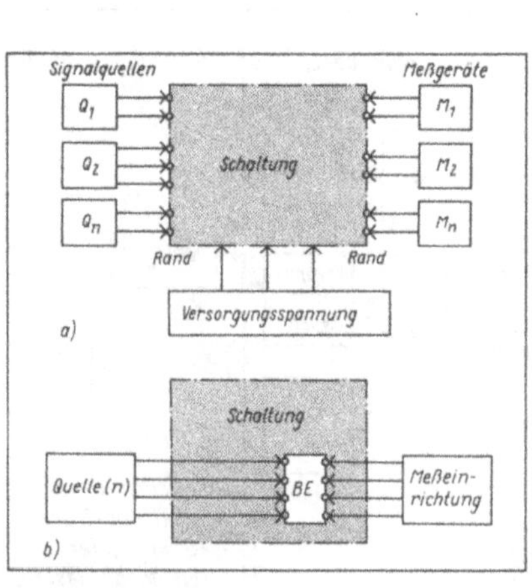

Bild 4 Prüfprinzipien
a) Prinzip der Funktionsprüfung
b) Prinzip der In-Circuit-Prüfung

Beim *Funktionstest* wird die Schaltung „am Rand" adaptiert (meist über den Steckverbinder) und mit den notwendigen Versorgungsspannungen und Prüfsignalen beaufschlagt. Die Reaktion des Prüflings wird in der Regel ebenfalls „am Rand" gemessen (s. Bild 4a).
Von Ausnahmen abgesehen, wird der Test beim ersten Fehler abgebrochen. Die anschließende Fehlersuche ist kompliziert und erfordert hochqualifizierte Fachkräfte.
Beim *In-Ciruit-Test* wird – wie der Name aussagt – „in der Schaltung" gemessen. Dazu wird jeder Schaltungsknoten über ein Nadelbett adaptiert. Im Gegensatz zum Funktionstest wird die Schaltung nicht in den aktiven Zustand versetzt, sondern jedes Bauelement wird unter Ausschaltung der Einwirkung der umgebenden Schaltung isoliert für sich geprüft (siehe Bild 4b). Dazu sind raffinierte Testprinzipien entwickelt worden, die in der einschlägigen Literatur ausführlich beschrieben sind /1/. Da auch diese Prinzipien nur dann funktionieren, wenn eine 100%ige Adaptierung vorliegt und die Leiterplatte frei von Kurzschlüssen und Unterbrechungen ist, werden der Bauelementeprüfung unter Nutzung der vorhandenen Elektronik Prüfungen auf

- Kontaktsicherheit
- Kurzschlüsse und
- Unterbrechungen

vorangestellt (Trivialfehler-Test). Zu diesem Zweck wird jeder Leiterzug und jede mögliche Verbindung zwischen benachbarten Leiterzügen (Ätzfehler oder Lötfehler) als Bauelement (Widerstand) betrachtet.
Eine Sonderstellung nimmt die Prüfung integrierter digitaler Schaltkreise auf der Leiterplatte ein. Da die logische Prüfung nur bei anliegenden Versorgungsspannungen erfolgen kann, läßt sich der Einfluß der umgebenden Schaltung nur ausschalten, indem die tatsächlich anliegenden Pegel brutal überschrieben werden (als back-driving bzw. nodeforcing, d. h. Knotenüberschreibung bezeichnet). Da dieses Testprinzip den Schaltkreis thermisch stark belastet, muß die Zeit für den Test auf einige zehn bis einige hundert Mikrosekunden beschränkt werden.
Bild 5 zeigt das Grundprinzip. Hinter jedem Pin des Testers befindet sich eine aufwendige Elektronik, die program-

mierbare Treiber- und Sensorschaltungen sowie einen Pin-Speicher (RAM) umfaßt.
Dieser Speicher enthält vor der Prüfung das Prüfmuster und nach der Prüfung das Testergebnis.
Um im Interesse einer hohen Taktfrequenz die Leitungslänge kurz halten und gleichzeitig 500 ... 2000 Pins versorgen zu können, muß die Pin-Elektronik grundsätzlich in LSI-Technik ausgeführt sein.
Die Vorteile des In-Circuit-Tests sind enorm. In einem ersten Pass (Prüfgang) werden sämtliche Trivialfehler und im nachfolgenden zweiten Pass sämtliche Bauelementefehler punktgenau ermittelt und protokolliert.
Die Programm-Erzeugung geschieht automatisch (ATG – Automatic Test Generation) und erfordert lediglich die Eingabe der Stücklisten-Daten sowie die Eingabe willkürlich festgelegter Knotennummern. Die Prüfmuster aller international eingeführten Schaltkreise sind in einer Schaltkreis-Bibliothek zusammengefaßt (einige 1000 Bibliotheksprogramme sind Stand der Technik).
Bis 1972 war der *Funktionstester* (FuT) das einzige Mittel zur BLP-Prüfung. Seine Unfähigkeit, Prozeßfehler zu lokalisieren, führte zur Erfindung des *In-Circuit-Testers* (ICT). Nachdem wenige Jahre später mit dem *Backdriving* bzw. *Node-Forcing* ein wirksames Prinzip zur Prüfung digitaler LSI-Schaltkreise auf der BLP gefunden wurde, war der Siegeszug des ICT nicht mehr aufzuhalten, und bereits 1982 wurden etwa 20 % mehr ICT als FuT verkauft.
Inzwischen bahnt sich ein Comeback des FuT an, der die Gegner des ICT frohlocken läßt.
Eine genaue Betrachtung zeigt jedoch, daß es sich hierbei um einen Funktionstest neuer Qualität handelt, wobei sich seine Schöpfer der Mittel des ICT bedienen, nämlich

- Lokalisierung und Beseitigung von Trivialfehlern mittels In-Circuit-Tests (Prescreening)
- Nutzung des Pin-Vektors
- automatische Testprogramm-Generierung (ATG) auf Basis von Schaltungsbibliotheken.

Erfolgen Prescreening und Funktionsprüfung über den gleichen (Nadelbett-) Adapter, so spricht man von einem *Kombi-Test,* dessen neueste, von Membrain kreierte Version einen simulierten Muttermaschinentest einschließt, wofür die Bezeichnung *Multimode-Test* eingeführt wurde.

• *Tester-Software*

In Testern der mittleren Preisklasse sind Software-Pakete von 10 ... 20 MByte Umfang installiert. Ein wesentlicher

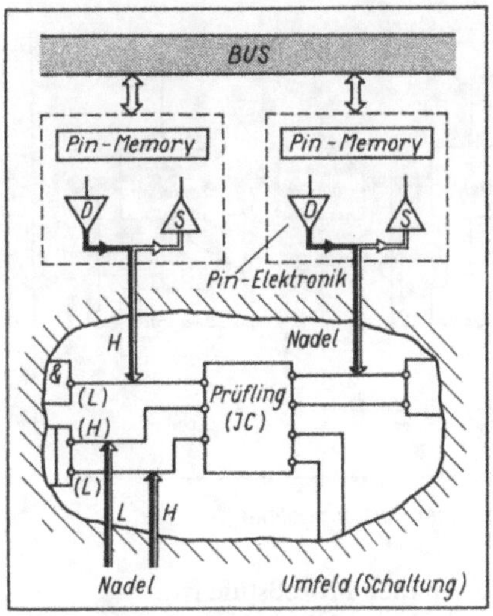

Bild 5 Prinzip des digitalen In-Circuit-Tests
D – pgb. Treiber; S – pgb. Sensor

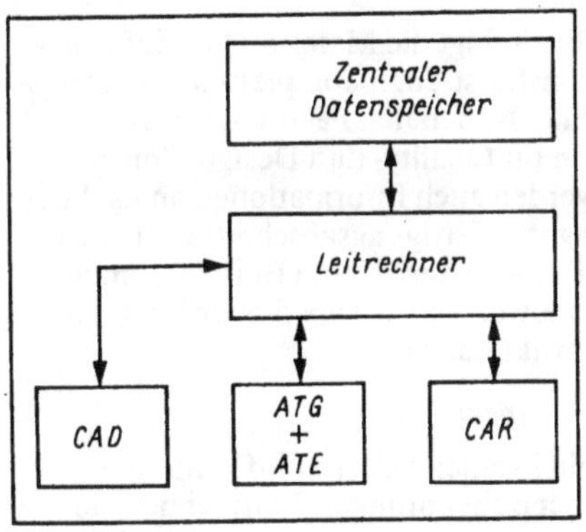

Bild 7 Modell einer zentralen Datenverwaltung
ATE – Automatic Test Equipment, automatische Test-Einrichtung
ATG – Automatic Test Generation, automatische Testprogramm-Erzeugung
CAD – Computer Aided Design, rechnergestützter Entwurf (hier: Schaltungs-, Logik- und Topologie-Entwurf)
CAR – Computer Aided Repair, rechnergestützte Reparatur

Teil davon wird von Programmen und Bibliotheken für die ATG belegt.
Während zur Zeit des klassischen Funktionstestes einige Monate für die Testprogramm-Erstellung notwendig waren, rechnet man heute mit Stunden, wobei sich die ATG stützt auf

- CAD-Daten-Eingabe zur Schaltungsanalyse
- Abnahme der Prüfmuster von einer Gutkarte (für Funktionstest).

In der Regel erfolgen Produktion und Programmerstellung im Timesharing-Betrieb. Umfangreiche Programmpakete für die Systemüberwachung, Wartung und Eigendiagnose gehören ebenfalls zum Stand der Technik.

2.3. Geräte- und Anlagen-Test

Setzt man voraus, daß alle Baugruppen und Verdrahtungsträger vor der Endmontage die geschilderten Testeinrichtungen passiert haben, so kann sich der Schlußtest auf eine Funktionskontrolle beschränken.
Dazu bedient man sich frei konfigurierbarer Prüfplätze, die aus Geräten mit Standard-Interface (z. B. IEC 625) und einem intelligenten Controller bestehen.
Da jedoch moderne elektronische Geräte zunehmend über eigene Intelligenz verfügen, wird die Schlußprüfung immer mehr durch das Erzeugnis selbst durchgeführt, indem entsprechende Inbetriebnahme-, Wartungs- und Diagnose-Routinen transient oder resident implementiert werden.

3. Zum internationalen Trend

Betrachtet man Tester und andere Prüfeinrichtungen losgelöst von ihrer Einsatzumgebung, so lassen sich natürlich technische *Trendmerkmale* extrahieren, die mehr oder weniger auch für andere Gebiete der Elektronik gelten, wie etwa

- digitale Signalerzeugung und -analyse
- dezentrale Intelligenz mit weitgehender Vorverarbeitung der anfallenden Daten (Daten-Kompression)
- Einsatz von VLSI und SMD
- Konzentration auf die Programmiersprachen BASIC, ATLAS und PASCAL bei der Software für FuT
- ATG für ICT mit Schaltkreis-Programm-Bibliotheken und für FuT mit Schaltungs-Programm-Bibliotheken.

Die eigentliche Revolution vollzieht sich jedoch gegenwärtig im Überbau, d. h. in der Ebene des übergeordneten Informationsaustausches.
Dafür stehen international die Schlagworte „Factory of the Future" (Fabrik der Zukunft) und CADMAT (Computer Aided Design, Manufacture and Automatic Test).
Dabei sind mehrere Erscheinungen erkennbar, die letztlich auf das eingangs erwähnte Ziel „Beseitigung der Fehlerursachen" gerichtet sind.

1. Aspekt

Beim Entwurf der ATG für den Prüfprozeß und beim Reparaturprozeß erfolgt ein Zugriff auf Daten gleichen Inhalts (siehe Bild 6 – Titelbild).
Diese Daten sind gegenwärtig meist auf unterschiedlichen Datenträgern an unterschiedlichen Orten untergebracht. Jede Änderung bedingt viele Kopien und damit hohe Kosten.
Es liegt daher nahe, den Zwischenspeicher Papier bzw. die noch übliche Off-Line-Kopplung durch einen zentralen elektronischen Speicher (Festplatte) zu ersetzen, mit folgenden Merkmalen:

- zentrale Datenverwaltung
- jeder (Teilprozeß) hat Zugriff

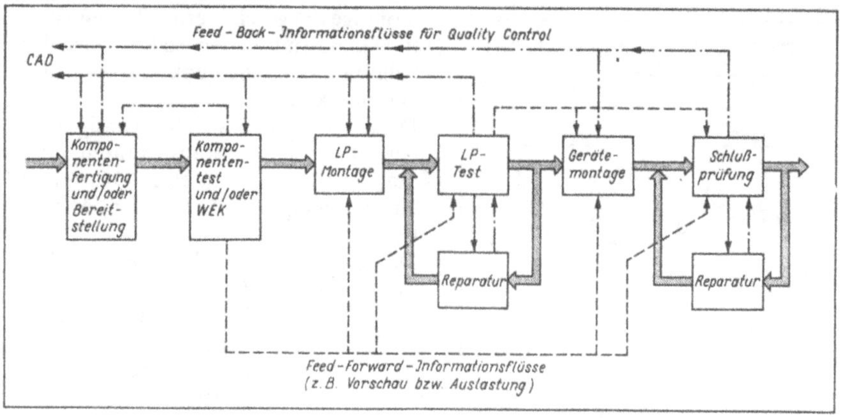

Bild 8 Material- und Informationsflüsse in und über einer Fertigungslinie

- jeder (Teilprozeß) teilt aktuelle Erkenntnisse der Zentrale mit, und
- Änderungen erfolgen nur einmal am zentralen Ort (s. Bild 7).

Für das Prüfobjekt (z. B. BLP) bedeutet das:

- Jedes Teilprodukt erhält eine elektronische Karteikarte mit seinem Lebenslauf, der in der Zentrale verwaltet wird.
- ATE (Automatische Test-Einrichtung) und CAR (Computergestützte Reparatur) aktualisieren diesen Lebenslauf bis zum „Tod" des Produkts.

Voraussetzung dafür ist die maschinelle Identifikation des Prüflings hinsichtlich Typ und laufender Nummer (z. B. mittels Balkenkode).

2. Aspekt

Prüf- und Reparaturprozeß liefern eine Fülle von Daten an die Zentrale (Bild 7), die sich bei entsprechender statistischer Auswertung nutzen lassen für
- die Qualitätssteuerung (bzw. -regelung) der Fertigung, indem gehäuft auftretende Fehler über einen Prozeß-Manager dem Verursacher signalisiert werden (Quality Control)
und
- eine Entwurfskorrektur, nämlich dann, wenn immer wieder auftretende dynamische Fehler beim FuT auf einen Entwurfsfehler schließen lassen.

Im zuletzt genannten Fall laufen in dem On-Line-gekoppelten System (Bild 7) folgende Teilprozesse ab:
- Korrektur der Schaltung
- Korrektur der Topologie
- Korrektur der Stückliste
- Korrektur der Materialbestellung
- Auslösen eines neuen ATG-Laufes

zwecks Aktualisierung des Testprogramms.

Es versteht sich von selbst, daß Quality Control nur dann funktioniert, wenn zwischen Montage- und Prüfprozeß keine Totzeiten liegen, wenn also der Prüfprozeß der dem Montageprozeß unmittelbar folgende Arbeitsgang einer bestimmten Prozeßstufe ist.

Auch Design Control ist nur dann sinnvoll, wenn eingehende Materialströme mit geringen Totzeiten beeinflußbar sind.

Bild 8 zeigt die Material- und Informationsflüsse einer kompletten Fertigungslinie. Neben den Feed-back-Datenflüssen für Quality- und Design-Control werden auch Informationen an nachgelagerte Fertigungsabschnitte geliefert (Feed-forward), zum Beispiel, um die zu erwartenden Typen oder Losgrößen anzukündigen.

3. Aspekt

Ein in einer weiteren Informationsebene angeordneter Leitrechner, der die Informationen mehrerer Fertigungslinien auswertet, kann – obwohl er eigentlich für CAM-Funktionen gedacht ist – zur Erkennung von Fehlern genutzt werden, die wegen zu geringer Häufigkeit in einer einzigen Prozeßlinie noch keine Warnung auslösen würden, wie zum Beispiel eine fehlerhafte Bauelemente-Charge.

Natürlich besteht jedoch seine Hauptaufgabe darin, Informationen zu sammeln und Aktivitäten auszulösen hinsichtlich
- Auslastung bestimmter Fertigungsabschnitte
- Qualität bestimmter Fertigungsabschnitte
- automatischer Material-Nachbestellung oder Stornierung
- Anforderung Tester-Service
- operativer Steuerung.

4. Aspekt

Ein weiterer Aspekt, der sich etwa seit 1984 zeigt, besteht in der Nutzung der Ergebnisse auf dem Gebiet der künstlichen Intelligenz (speziell Expertensysteme).

Dabei werden aufgetretene Fehlerbilder und erfolgreiche Reparaturaktivitäten in eine Bibliothek eingetragen. Mit dem Wachsen dieser Bibliothek können der Reparaturstation in zunehmendem Maße Erfolgsstrategien mitgeteilt werden.

Außer für die Reparatur des Teilprodukts wird diese Strategie auch für Fehler am Tester selbst genutzt. Dies kompensiert den leichten Abfall der Dauerverfügbarkeit mit zunehmendem Lebensalter.

- *Das Adaptierungsproblem*

Die ständig steigende Packungsdichte, der Übergang zu SMD-bestückten Leiterplatten und die Verkleinerung der Rastermaße (≤ 1,25 mm) lassen die Adaptierung der Leiterplatte zu einem Problem werden, das mit den klassischen Nadeladaptern in Zukunft nicht mehr lösbar sein wird und weltweit zu neuen Überlegungen zwingt. Dabei wird neben der fieberhaften Suche nach neuen Adaptierungsprinzipien zunehmender Wert auf eine prüfgerechte Gestaltung der Leiterplatte gelegt (Minimierung der Testpunktanzahl, Schaffung abgesetzter Adaptierungsflächen usw.). Der Umschlag in eine neue Qualität deutet sich an, aber eine elegante Lösung steht im Moment noch aus.

Literatur

/1/ Recherche D 137 B4: 42 55.8432.
Informations-Leitstelle des
VEB Kombinat Robotron

✉ KONTAKT ☎

VEB Robotron Meßelektronik „Otto Schön" Dresden, PSF 211, Dresden, 8012;
Tel. 4875624

Chip-Prüfung mit Ultraschall-Mikroskop

Mit Ultraschall arbeitet ein neues Mikroskop des japanischen Unternehmens Olympus Optical Co. und erreicht damit eine Auflösung von 0,35 Mikrometern. Als Einkopplungsmedium wird nicht Wasser, sondern Flüssigstickstoff verwendet. Dabei werde die Schallausbreitungsgeschwindigkeit abgebremst und zugleich die Schallfrequenz auf eine Milliarde Hertz angehoben (üblich ist die Arbeit mit 400 Millionen Hertz). Die Bilder werden, wie die Zeitschrift „New Technology Japan" berichtet, aus den Reflexionen der Ultraschallwellen zusammengesetzt. Um Meßfehler weitgehend auszuschließen, wird bei diesem Mikroskop nicht die zu untersuchende Probe bewegt, sondern das Objektiv. Zusätzlich werden die Bilder durch computergestützte Bildkontrolle verbessert. Die japanische Firma sieht Einsatzmöglichkeiten für dieses Mikroskop unter anderem in der Kontrolle von Chips. Einerseits können damit die elektrischen Anschlüsse der Chips untersucht werden, andererseits lassen sich auch kleinste Aluminiumtröpfchen von 0,5 Mikrometer Durchmesser aufspüren, die mit Elektronenmikroskopen nicht zu entdecken sind. Außerdem besteht bei der Arbeit mit Elektronenstrahlen die Gefahr, daß Chip-Strukturen beschädigt werden.

Software für Mehrmikrorechnersysteme

Bernd Klühe
Akademie der Wissenschaften der DDR,
Zentralinstitut für Kybernetik
und Informationsprozesse,
Institutsteil Dresden

1. Rechnerverbundsysteme in der Automatisierungstechnik

Mit der Nutzung der Mikrorechentechnik für komplexe Aufgaben ergibt sich, im Gegensatz zum Mikrorechnereinsatz für Einzelaufgaben, die Notwendigkeit des Einsatzes von Rechnerverbundsystemen. Folgende Merkmale sind dafür wesentlich /1/, /2/:

- Erhöhung der Leistung durch Parallelarbeit mehrerer Rechner (Lastverbund)
- geteilte Nutzung von Ressourcen (Ressourcenverbund)
- dezentraler, aufgabenbezogener Mikrorechnereinsatz
- aufgabenbezogene Funktionsteilung zur modularen Strukturierung des Gesamtsystems (Flexibilität, Änderbarkeit, Senkung der Softwarekosten)
- Erhöhung der Fehlertoleranz (Verfügbarkeitsverbund).

Die Gesamtleistungsfähigkeit gekoppelter Systeme wird entscheidend durch die Leistungsfähigkeit des Kommunikationssystems beeinflußt, siehe u. a. /2/ und /3/. Im folgenden werden wesentliche Probleme der Betriebssystemgestaltung busgekoppelter Mehrmikrorechnersysteme (MMRS), als eine spezielle Problemklasse der Rechnerverbundsysteme, untersucht und der Gestaltung einer Mehrmikrorechner-Kommunikationssoftware (MKS) zugrunde gelegt.

2. Gestaltung wesentlicher Betriebssystemkomponenten

2.1. Hardwareumgebung

Für die in den folgenden Kapiteln untersuchten Probleme der Betriebssystemgestaltung für MMRS gelten folgende Hardwarevoraussetzungen:

– MMRS mit paralleler Buskopplung
– Jeder Rechner des MMRS verfügt über lokale Ressourcen (z. B. Speichermoduln, externe Geräte).
– Es existiert mindestens paarweise zwischen 2 Rechnern des MMRS gemeinsam erreichbarer RAM-Speicher (Dual-Port-RAM oder Global-RAM).
– Es existieren Möglichkeiten der Signalübermittlung zwischen verschiedenen Rechnern (Interruptübermittlung).

Die praktischen Untersuchungen wurden mit Hardwaremoduln des MMS-16 durchgeführt. Das im MMS-16 definierte Hardwaresystem erfüllt die oben genannten Bedingungen und hat außerdem einige Eigenschaften, die für die Rechnerkopplung vorteilhaft sind (z. B. Trennung von Systembus und Residentbus). In Bild 1 wird die betrachtete Hardwarestruktur dargestellt.

2.2. Aufgabenstellung

Die Kommunikation in einem MMRS stellt eine Verallgemeinerung der Kommunikation im Einrechnersystem dar. Es ergibt sich unter den genannten Hardwarevoraussetzungen folgende Aufgabenstellung:

– Realisierung des Datentransfers zwischen Tasks, die auf unterschiedlichen Rechnern arbeiten.
– Die Tasks jedes Rechners arbeiten unter Steuerung eines lokalen Echtzeitbetriebssystems.
– Die Kommunikation im MMRS muß den Echtzeitbedingungen des Gesamtsystems gerecht werden.
– Schaffung der Voraussetzungen für die Kommunikation in heterogenen MMRS
· bezüglich Hardware
(z. B. Einsatz unterschiedlicher Prozessoren)
· bezüglich Software
(z. B. Einsatz unterschiedlicher lokaler Betriebssysteme)
– Konfigurierbarkeit
– Generierbarkeit.

Aus dieser Aufgabenstellung ergibt sich die in Bild 2 am Beispiel eines MMRS mit 3 Rechnern dargestellte Softwarestruktur.
Im Gegensatz zur Kommunikation innerhalb eines Rechners, u. a. /4/ ... /8/, kann im MMRS mit lokaler Taskverwaltung eine direkte Verbindung zwischen sendender Task und empfangender Task nicht hergestellt werden. Deshalb müssen vom Kommunikationssystem logische Kanäle zwischen den Rechnern verwaltet werden, über welche die Kommunikationsanforderungen übertragen werden (siehe 2.3.1). Wie im Einrechnersystem ist im MMRS im allgemeinen eine Entkopplung der Sender und Empfänger erforderlich, um eine möglichst weitgehende Parallelarbeit von Sendern und Empfängern zu ermöglichen. Die Übertragungsanforderungen zwischen den Rechnern werden in den logischen Kanälen mit Hilfe von Warteschlangen verwaltet (siehe 2.3.2. und 2.3.3.).
Die Verbindung zur Empfängertask wird über ein Port hergestellt. Dabei ist ein Port eine definierte Schnittstelle, mit der das Ende eines Kommunikationskanals zwischen Prozessen (Tasks) bezeichnet wird. Ein Port dient dem Einrichten und Identifizieren eines Kommunikationskanals /2/.
Wenn in einem MMRS lokale Speicherbereiche verfügbar sind, so sind diese weitestgehend für die Datenspeicherung zu nutzen, um die Belastung des Systembusses zu minimieren. Daraus ergibt sich als weiterer Unterschied zur Kommunikation im Einrechnersystem, daß im MMRS mit lokalem BS im allgemeinen die Nachrichten physisch kopiert werden müssen, um sie im lokalen Speicher des Zielrechners verarbeiten zu können (siehe 2.3.4.). Im Gegensatz dazu ist im Einrechnersystem nur die Übermittlung der Nachrichtenadresse und der Nachrichtenlänge zur Zieltask erforderlich.

2.3. Wesentliche Komponenten des Mehrrechnerbetriebssystems

2.3.1. Lokale Funktionen

Die lokalen Funktionen des Kommunikationssystems dienen der Übermittlung der Übertragungsanforderungen der Anwendertasks an die Kanäle zwischen Sende- und Zielrechner sowie dem Empfang von Nachrichten von anderen Rechnern mit anschließender Weiterleitung zu den Empfängertasks. Diese Funktionen werden unter Nutzung der Dienste der Warteschlangenverwaltung (siehe 2.3.2.) und des Signalsystems (siehe 2.3.3.) realisiert.
Weitere lokale Funktionen sind die Zwischenspeicherung von Übertragungsanforderungen bei zeitweise überlasteten Übertragungskanälen und die Steuerung der Pufferverwaltung (siehe 2.3.4.).
Die Realisierung der lokalen Funktionen erfolgt unter Steuerung des lokalen Echtzeitbetriebssystems.

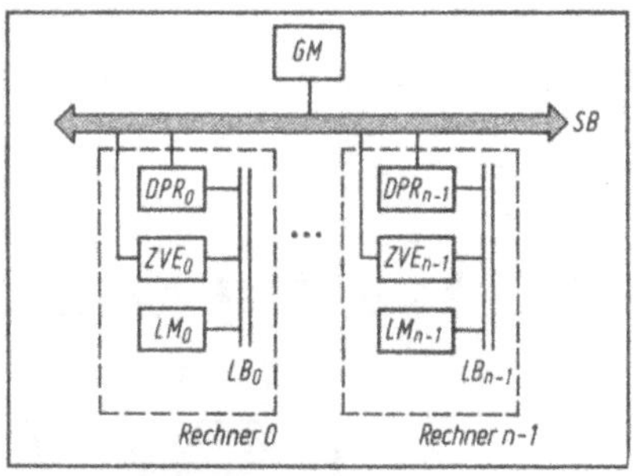

Bild 1 Hardwarestruktur
n – systembusgekoppelte Mikrorechner
DPR – Dual-Port-RAM
GM – Globalspeicher
LB – Lokalbus
LM – Lokalspeicher
SB – Systembus
ZVE – Prozessor

2.3.2. Warteschlangenverwaltung

Als Warteschlangen (WS) werden Datenstrukturen bezeichnet, die eine Anzahl von Anforderungen einer bestimmten Klasse speichern können. Sie dienen als Puffer zwischen Produzenten und Konsumenten dieser Anforderungen.
In modernen Echtzeitbetriebssystemen werden WS für einen bestimmten Zweck als Objekttypen aufgefaßt (z. B. bei BOS–1810: WS zur Verwaltung von Kommunikationsanforderungen haben den Objekttyp MAILBOX, WS zur Verwaltung des exklusiven Zugriffs zu kritischen Bereichen haben den Objekttyp REGION).
Im vorliegenden Fall der Rechnerkopplung dienen die WS der Speicherung von Kommunikationsanforderungen zwischen Rechnern. In Einrechnerbetriebssystemen erfolgt die Verwaltung der WS durch Routinen des Betriebssystemkerns, dadurch kann der exklusive Zugriff zu den Datenstrukturen der WS bei jeder Veränderung durch die innere Organisation des lokalen Betriebssystems gesichert werden. Im MMRS mit lokalen Betriebssystemen auf jedem Rechner ist die Steuerung der Zugriffsrechte zu den WS zwischen den Rechnern keine lokale Funktion mehr.
Durch den exklusiven Zugriff zu WS zwischen verschiedenen Rechnern treten im Falle des Zugriffskonfliktes Wartezeiten bei den Rechnern auf, die auf das Zugriffsrecht zu einer WS warten müssen, weil das Zugriffsrecht bereits einem anderen Rechner übergeben wurde.
Für die logische Anordnung von WS zwischen Rechnern werden die in Bild 3 dargestellten prinzipiellen Varianten betrachtet. Im Fall a) existiert im

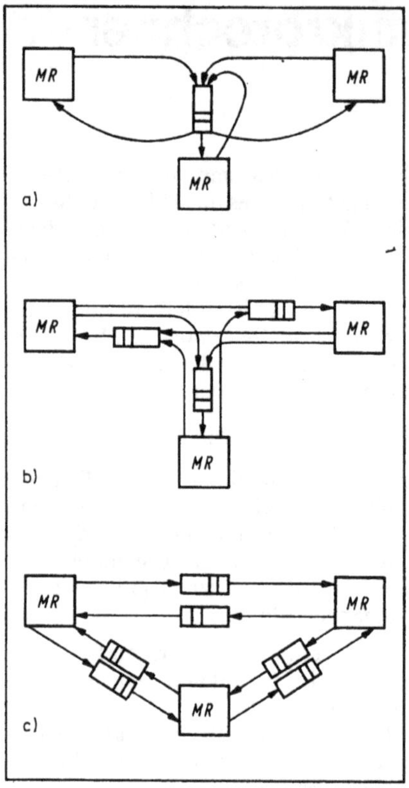

Bild 3 Warteschlangenstruktur in Mehrmikrorechnersystemen

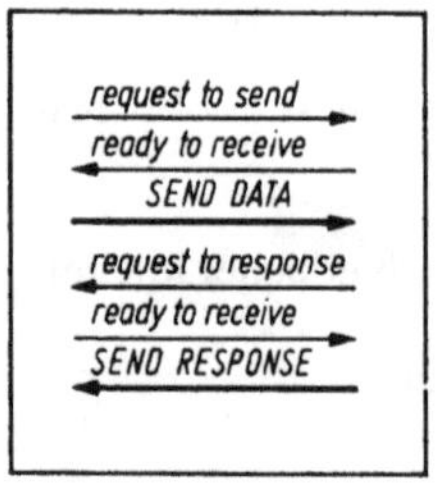

Bild 4 Signalsystem

MMRS genau eine WS für alle Kommunikationsanforderungen zwischen den Rechnern. Bei b) hat jeder Rechner eine Empfangswarteschlange, in die alle anderen Rechner ihre Kommunikationsanforderungen eintragen. Im Fall c) gibt es zwischen jeweils 2 Rechnern ein Paar von WS, die jeweils für eine Kommunikationsrichtung benutzt werden.
Aus Bild 3 ist ersichtlich, daß die Wahrscheinlichkeit des Zugriffskonfliktes zu WS zwischen verschiedenen Rechnern von der strukturellen Anordnung der WS abhängig ist. Dabei zeigt sich, daß die Wahrhängig ist. Dabei zeigt sich, daß die Wahrscheinlichkeit des Auftretens von Zugriffskonflikten in der Struktur c) am geringsten ist. Deshalb wurde diese Struktur gewählt, um die möglichen Wartezeiten durch Zugriffskonflikte zu minimieren. In dieser Struktur existiert für jede WS genau eine schreibende Task und eine lesende Task auf zwei verschiedenen Rechnern. Für diese spezielle Art einer WS konnte, in Anlehnung an das MULTIBUS INTERPROZESSOR PROTOCOL (MIP) /9/, ein Algorithmus gefunden werden, bei dem die Sicherung des exklusiven Zugriffs beim Bearbeiten der WS durch Semaphorvariablen nicht notwendig ist. Die dabei aufgetretenen Probleme des Softwareentwurfs wurden durch Nutzung der Methoden der Theorie der Petri-Netze gelöst /10/. Es wurden Petri-Netze mit problembezogener Bewertung zur Verhaltensbeschreibung der Softwarekomponenten der Warteschlangenverwaltung genutzt.
Durch das hohe Maß an Anschaulichkeit, das diese Darstellung im Vergleich zu üblichen Methoden auch bei Parallelprogrammierung bietet, wird der Entwurf erheblich unterstützt und die Programmdokumentation erleichtert.

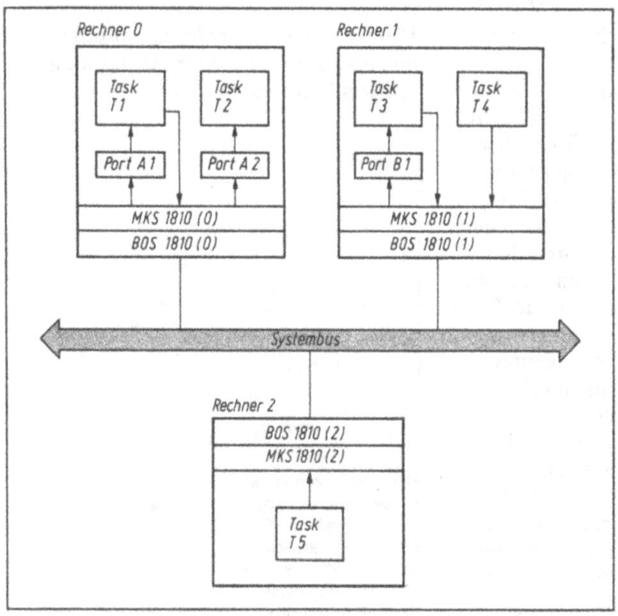

Bild 2 Beispiel eines Systementwurfs mit Task- und Portverteilung

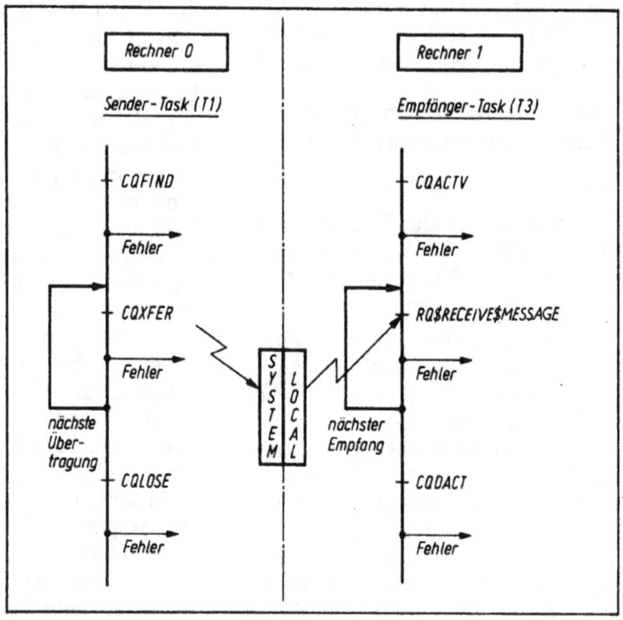

Bild 5 Ablauf der Taskkommunikation

2.3.3. Signalsystem

Mit der Verwaltung von WS zwischen den Rechnern ist die Funktion eines Signalsystems verbunden. Vom Einrechnerbetriebssystem wird eine auf eine Nachricht wartende Task sofort bei Eintreffen einer Nachricht in den READY-Zustand versetzt. Um im MMRS das uneffektive zeitzyklische Testen aller WS zu verhindern, ist nach Eintragung eines Sendeauftrages in eine WS der Zielrechner über diese Veränderung zu informieren, damit der Auftrag aus der WS entnommen und zur Zieltask weitergeleitet werden kann.

Die Signalisierung zwischen den Rechnern erfolgt über Interrupt. Es ist die Anzahl der für einen Übertragungsvorgang erforderlichen Interrupts zu minimieren.

In Bild 4 wird die allgemeine Form eines Handshake-Protokolls für den Signalfluß dargestellt. Bei geeigneter Organisation der WS sind nur die Signale 'SEND DATA' und 'SEND RESPONSE' notwendig. Bei aufeinanderfolgender Übertragung mehrerer Datenblöcke sind diese Signale nur zur Einleitung eines Übertragungszyklus erforderlich.

Die pysikalische Realisierung der Interruptübermittlung ist hardwareabhängig.

2.3.4. Pufferverwaltung

Wie in 2.2. erläutert wurde, müssen im MMRS mit lokalem BS im allgemeinen die zu übertragenden Nachrichten unter Benutzung gemeinsam erreichbarer Speicherbereiche umkopiert werden. Soll die parallele Übertragung verschiedener Nachrichten zwischen 2 Rechnern möglich sein, müssen in den gemeinsam erreichbaren Speicherbereichen verschiedene Nachrichtenblöcke verwaltet werden. Diese Aufgabe wird durch eine dynamische Pufferverwaltung innerhalb der gemeinsamen Speicherbereiche erfüllt.

2.4. Implementierung der MKS

2.4.1. Allgemeine Eigenschaften

Die Implementierung der Kommunikationssoftware MKS mit den in 2.3. beschriebenen Eigenschaften erfolgte auf der Basis der Hardware des Systems MMS-16 als Erweiterung der lokalen Echtzeitbetriebssysteme BOS-1810 (kompatibel zu iRMX-86) und MRTS-700 /11/.

Die Implementierung erfolgte in der Programmiersprache PL/M-86. Die entstandenen Softwaresysteme MKS-1810 und MKS-700 sind während der Systemgenerierung für jeden Rechner des MMRS den konkreten Anforderungen anzupassen. Dazu ist in Datenstrukturen die Konfiguration des MMRS zu beschreiben. Folgende wesentliche Parameter werden zur Beschreibung des MMRS benutzt /12/:

- Angabe konkreter Speicherbereiche für die Informationsübermittlung zwischen den Rechnern
- Zuordnung logischer Portadressen zu den Rechnern
- Spezifizierung der realisierten Interruptstrukturen.

Dem Anwender stehen Dienste zum Eröffnen und Schließen der logischen Verbindungskanäle und zum Datentransfer zur Verfügung.

2.4.2. Programmfunktionen

Die durch MKS-1810 implementierten Systemrufe ermöglichen den Tasks, Verbindungen zur Nachrichtenübertragung zu eröffnen und Ports zu aktivieren, Nachrichten (Einzelnachricht max. 64 KByte lang) zu senden bzw. zu empfangen und die Ports nach beendeter Übertragung wieder zu deaktivieren.

Eine sendende Task benutzt folgende MKS-Rufe:

CQFIND
Es wird eine Verbindung (connection) zu einem zur Generierungszeit definierten Kommunikationsport eröffnet.

CQXFER
Es wird eine Nachrichtenübertragung an ein zuvor durch CQFIND gebundenes Port eingeleitet, wobei die Nachricht zuvor in einem (lokalen oder gemeinsamen) Pufferspeicherbereich aufgebaut wurde.

CQLOSE
Eine durch CQFIND eröffnete Verbindung wird wieder freigegeben.

Eine empfangende Task verwendet folgende Rufe:

CQACTV
Es wird eine Verbindung zum Nachrichtenempfang an einem Systemport eröffnet, indem u. a. eine (lokale) Mailbox eingerichtet wird.

RQ$RECEIVE$MESSAGE
Dient dem Nachrichtenempfang an der zuvor durch CQACTV eingerichteten Mailbox.

CQDACT
Die durch CQACTV eröffnete Verbindung wird wieder freigegeben.

Dabei sind CQACTV und CQDACT MKS-Rufe, während RQ$RECEIV E$MESSAGE ein Ruf des Echtzeitbetriebssystems BOS 1810 ist.

Eine Nachrichtenübertragung besteht nun senderseitig darin, daß mit den Rufen CQFIND, CQXFER und CQLOSE ein Kommunikationsport gebunden wird, ein- oder mehrfach Nachrichten zu ihm gesendet werden (einschließlich Fehlercodeauswertung und Zeitüberwachung) und danach die Verbindung wieder aufgelöst wird.

Analog werden empfängerseitig in einer Abfolge der Rufe CQACTV, RQ$RECEIV E$MESSAGE und CQDACT das Port aktiviert, die Nachricht(en) empfangen und das Port wieder deaktiviert.

Eine Task kann gleichzeitig Sender und Empfänger sein (im Spezialfall auch mit dem gleichen Taskpartner).

In Bild 5 wird der prinzipielle Ablauf einer Taskkommunikation mittels MKS dargestellt.

Literatur

/1/ Fathi, E. T.; Krieger, M.: Multiple Mikroprocessor Systems. Computer No. 3, 1983

/2/ Löffler, H.: Rechnerverbundsysteme. Akademie-Verlag, Berlin, 1984

/3/ Werner, D.: Aufbau eines verteilten Echtzeitbetriebssystems KOMINET für Mikrorechnerverbundsysteme. messen-steuern-regeln 27 (1984) 8

/4/ Ben-Ari, M.: Principles of Concurrent Programming. Prentice-Hall International, 1982

/5/ Hansen, P. B.: Konstruktion von Mehrprozeßprogrammen. R. Oldenbourg Verlag, München/Wien, 1981

/6/ Pieper, F.: Einführung in die Programmierung paralleler Prozesse. R. Oldenbourg Verlag, München/Wien, 1977

/7/ Levi, P.: Betriebssysteme für Realzeitanwendungen. Datakontext-Verlag, Köln, 1981

/8/ Werner, D.: Programmierung von Mikrorechnern. VEB Verlag Technik, Berlin 1983

/9/ Multibus Message Exchange Referenz Manual. Firmenschrift Intel, Order No. 144912, 1982

/10/ Arendt, F.; Klühe, B.: Verhaltensbeschreibung von Softwarekomponenten mit Hilfe von Petri-Netzen am Beispiel der Warteschlangenverwaltung in einem Mehrrechner-Betriebssystem. Studie, ZKI der AdW, IT Dresden, 1986

/11/ Echtzeitbetriebssystem MRTS-700. Systemdokumentation. VEB Numerik „Karl Marx", Karl-Marx-Stadt, 1986

/12/ Despang, G., u. a.: Architektur und Anwendung eines modularen echtzeitfähigen Betriebssystems für ein 16-Bit-Mehrmikrorechnersystem. 14. Arbeitstagung Entwurf von Schaltsystemen mit Systementwurf ZKI der AdW, IT Dresden, 1985

Dipl.-Math. Bernd Klühe (34) studierte von 1970 bis 1974 Mathematik an der TH Magdeburg. Er diplomierte 1974 mit einer Arbeit zu Lösungsmethoden spezieller ganzzahliger Optimierungsprobleme.
Von 1974 bis 1983 arbeitete er im VEB Mikromat Dresden an Problemen der Rationalisierung der Arbeit des betrieblichen Rechenzentrums.
1983 nahm er die Tätigkeit im ZKI der AdW auf und beschäftigt sich gegenwärtig mit speziellen Softwareaufgaben auf dem Gebiet der Mehrmikrorechner-Betriebssysteme.

KONTAKT

Akademie der Wissenschaften der DDR, Zentralinstitut für Kybernetik und Informationsprozesse, Institutsteil Dresden, Haeckelstraße 20, Dresden, 8027; Tel. 4633122

Schneller 12-Bit-A/D-Wandler C 574 C

Klaus Christen
VEB Halbleiterwerk Frankfurt (Oder)

Der C 574 C ist ein vollständiger Sukzessiv-Approximations-A/D-Wandler mit Mikroprozessor-Interface, einer Auflösung von 12 Bit und einer Umsetzzeit von max. 40 µs. Er kann ohne zusätzliche Treiber- oder Peripherieschaltkreise mit 8- oder 16-Bit-Mikroprozessoren zusammengeschaltet werden. Dabei werden Lese- und Umsetzstartkommandos unmittelbar dem Steuerbus entnommen. Die Ausgangsdaten können als ein 12-Bit-Wort oder als zwei 8-Bit-Byte gelesen werden. Der Wandler verarbeitet unipolare Eingangsspannungen von 0 bis 10 V bzw. 0 bis 20 V oder bipolare Eingangsspannungen von −5 V bis +5 V bzw. −10 V bis +10 V.

Blockschaltbild

Bild 1 zeigt das Blockschaltbild des C 574 C. Für den Analog-Digital-Wandler wurde eine leistungsfähige und kostengünstige Zwei-Chip-Lösung gewählt. Auf einem Chip befinden sich der 12-Bit-D/A-Wandler, eine vergrabene Zenerdioden-Referenzspannungsquelle mit niedrigem Temperaturkoeffizienten, die Eingangsspannungsbereichswiderstände und der Bipolar-Offset-Widerstand.
Das zweite Chip beinhaltet das I^2L-Sukzessiv-Approximationsregister, die Steuerlogik des Umsetzers, den Taktgenerator, die Tristate-Ausgangstreiber und den Komparator.

Steuersignale

Die Steuersignale CE, $\overline{CS}$, R/$\overline{C}$, A0 und 12/$\overline{8}$ steuern die Lese- und Umsetzoperationen des Wandlers.
Die Auslösung einer Operation ist mit einer Flanke eines der Steuersignale CE, $\overline{CS}$ oder R/$\overline{C}$ möglich.
In Abhängigkeit vom R/$\overline{C}$-Signal wird eine Datenleseoperation (R/$\overline{C}$ = H) oder eine Analogwertumsetzung (R/$\overline{C}$ = L) ausgeführt. Die Steuersignale A0 und 12/$\overline{8}$ steuern die Länge des Umsetzzyklus und das Datenformat.
Der A0-Eingang wird vorzugsweise mit dem niederwertigsten Bit des Adreßbusses verbunden. H-Potential an A0 während des Umsetzstarts bewirkt die Ausführung eines vollständigen 12-Bit-Umsetzzyklus, L-Potential an A0 dagegen die Ausführung eines verkürzten 8-Bit-Umsetzzyklus. Während der Datenleseoperation bestimmt A0, ob durch die Tristate-Ausgangstreiber die 8 MSB des Umsetzergebnisses (A0 = L) oder die 4 LSB (A0 = H) freigegeben werden. Das 12/8-Signal bestimmt, ob die Ausgangsdaten als 12-Bit-Wort (12/$\overline{8}$ verbunden mit U_{CC3}) oder als zwei 8-Bit-Worte (12/$\overline{8}$ verbunden mit Digitalmasse) ausgegeben werden.

In 8-Bit-Bus-Applikationen (12/$\overline{8}$ an Digitalmasse)sind die Bit-Ausgänge der 4 LSB (Pin 16 bis Pin 19) mit den Bit-Ausgängen der 4 MSB (Pin 24 bis Pin 27) zu verbinden. Es wird dann im Format gemäß Tafel 1 ausgegeben.

Ist der Umsetzvorgang einmal ausgelöst, werden weitere Umsetzstartkommandos bis zur Beendigung des Umsetzvorganges ignoriert. Die Ausgangstreiber können während der Umsetzung nicht aktiviert werden. Sie sind – wie auch im inaktiven Zustand des Wandlers – hochohmig. Die Wirkung der Steuersignale ist zusammenfassend in Tafel 2 dargestellt.

Kenndaten

Ausgewählte Kenngrößen des C 574 C sind in Tafel 3 dargestellt. Die Kenngrößen gelten für den gesamten Betriebstemperaturbereich ($\vartheta_a = 0 \ldots 70°C$) und berücksichtigen daher den Temperaturkoeffizienten der Fehlerkenngrößen. Die einzuhaltenden Betriebsbedingungen sind in Tafel 4 angegeben.

Applikation

- Die Betriebsspannungen sind nahe am Schaltkreis mit 47 µF und 100 nF (keramischer Scheibenkondensator) abzublocken.
- Die Betriebsspannung U_{CC3} (+5 V) ist nach Digitalmasse (Pin 15), die Betriebsspannungen U_{CC1}, U_{CC2} (+15 V, −15 V) sind nach Analogmasse abzublocken. Die Betriebsspannungen müssen gut stabilisiert und frei von hochfrequenten Störungen sein.

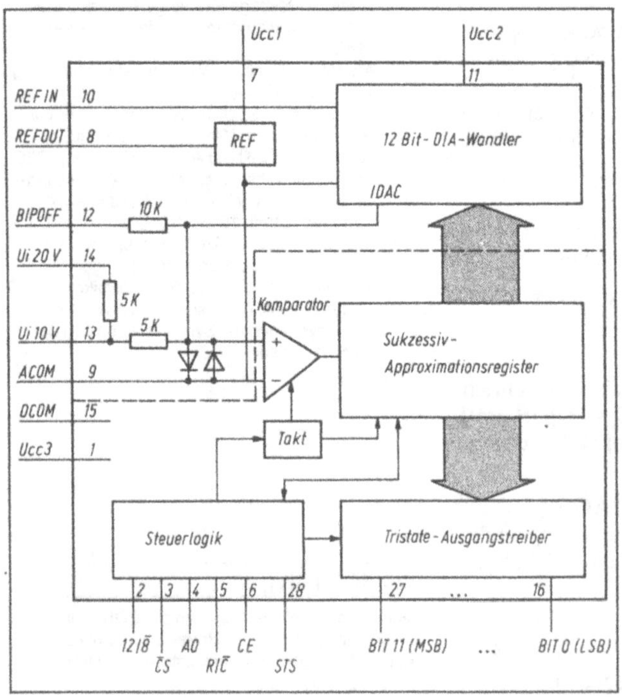

Bild 1 Blockschaltbild

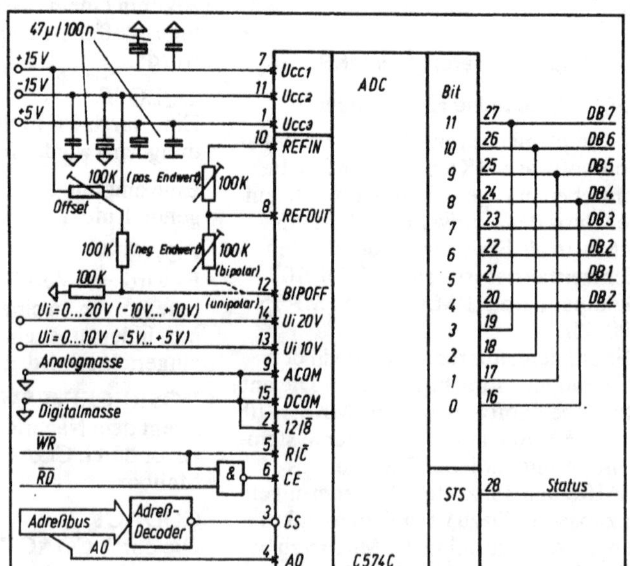

Bild 2 Zusammenschaltung des C 574 C mit dem U 880 D

	D7	D6	D5	D4	D3	D2	D1	D0
(Pin	27	26	25	24	23	22	21	20)
xxx0 (gerade Adr., A0 = L)	B11 (MSB)	B10	B9	B8	B7	B6	B5	B4
xxx1 (ungerade Adr., A0 = H)	B3	B2	B1	B0 (LBS)	L	L	L	L

Tafel 1 Ausgabeformate ▲

Tafel 2 Wirkung der Steuersignale ▼

CE	CS	R/$\overline{C}$	12/$\overline{8}$	A0	Wirkung
L	X	X	X	X	inaktiv
X	H	X	X	X	inaktiv
H	L	L	X	L	Auslösung einer 12-Bit-Umsetzung
H	L	L	X	H	Auslösung einer 8-Bit-Umsetzung
H	L	H	verbunden mit Pin 1	X	Freigabe der Datenausgänge 12 Bit parallel
H	L	H	verbunden mit Pin 15	L	Freigabe der 8 MSB
H	L	H	verbunden mit Pin 15	H	Freigabe der 4 LSB und Belegung der 4 folgenden Bit mit L-Signal

Kenngröße	Kurzzeichen	Einheit	Einstellwerte	Kleinstwerte	Größtwerte
Stromaufnahme	I_{CC3}		$U_{CC3} = 5{,}5\,V; U_3 = 5\,V$		38,5
Stromaufnahme	I_{CC1}	mA	$U_{CC1} = 16{,}5\,V$		5,5
Stromaufnahme	$-I_{CC2}$		$U_{CC2} = 16{,}5\,V$		30
Referenzspannung mit Last	U_{OREF}	V	$I_{OREF} = 1{,}5\,mA$	9,875	10,125
Linearitätsfehler	F_{LIN}	LSB	$U_{CC1} = -U_{CC2} = -11{,}4\,V$	−1	+1
min. Auflösung ohne Fehlcodes	–	Bit		11	
Unipolaroffset				−4	+4
Nullpunktfehler im Bipolarbetrieb		LSB		−12	+12
Fullscale-Fehler				−21	+21
Umsetzzeit	t_c	µs			40
Betriebsspannungsunterdrükkung	SVR	LSB	$13{,}5\,V \leqq U_{CC1} \leqq 16{,}5\,V$; $-13{,}5\,V \geqq U_{CC2} \geqq 16{,}5\,V$	−2	+2
H-Ausgangsspannung	U_{OH}	V	$-I_{18 \ldots 27} = 0{,}5\,mA$	2,4	–
L-Ausgangsspannung	U_{OL}	V	$I_{16 \ldots 27} = 1{,}6\,mA$	–	0,4

Die Kennwerte gelten bei $U_{CC1} = -U_{CC2} = 15\,V \pm 0{,}45\,V$, $U_{CC3} = 5\,V \pm 0{,}25\,V$ und $\vartheta_a = 0 \ldots 70\,°C$, falls nicht anders angegeben.

Tafel 3 Ausgewählte Kenngrößen ▲

Tafel 4 Betriebsbedingungen ▼

Kenngröße	Kurzzeichen	Einheit	Kleinstwert	Größtwert
Betriebsspannung für Referenz	U_{CC1}		11,4	16,5
neg. Betriebsspannung	$-U_{CC2}$			
Betriebsspannung für Logikteil	U_{CC3}	V	4,5	5,5
H-Eingangsspannung	U_{IH}		2,0	5,5
L-Eingangsspannung	U_{IL}		0	0,8
Umgebungstemperatur	ϑ_a	°C	0	70

- Pin 9 (Analogmasse) muß direkt mit der Signalquellenmasse verbunden werden. Die Masse der +5 V-Betriebsspannung (Digitalmasse) und die Masse der 15 V-Betriebsspannung (Analogmasse) sollten getrennt geführt und erst nahe am Schaltkreis verbunden werden.
- Der Analogeingangsstrom des A/D-Wandlers ist, bedingt durch das Umsetzverfahren, während des Umsetzens hochfrequent (Taktrate etwa 500 KHz)-moduliert.

Die Analogeingangsspannung muß unter diesen dynamischen Lastbedingungen konstant gehalten werden. Es ist eine Signalquelle mit geringer dynamischer Ausgangsimpedanz (bei 500 KHz) erforderlich.

- Der Steuereingang 12/$\overline{8}$ ist nicht TTL-kompatibel und muß daher mit U_{CC3} bzw. Digitalmasse fest verbunden werden.
- Für Offset- und Endwertabgleich sind Spindeleinstellregler mit niedrigem Temperaturkoeffizienten zu verwenden. Bild 2 zeigt einen Vorschlag für die Zusammenschaltung des C 574 C mit dem Mikroprozessor U 880 D. Während der Datenleseoperation beträgt die Buszugriffszeit, gemessen von der L/H-Flanke des CE-Signals bis zum Erscheinen der gültigen Daten an den Datenausgängen, etwa 270 ns.

Die Verzögerungszeit bis Floaten, gemessen von der H/L-Flanke des CE-Signals bis zum völligen Übergang der Datenausgänge in den hochohmigen Zustand, beträgt etwa 300 ns.

✉ KONTAKT ☎

VEB Halbleiterwerk Frankfurt(Oder), Abt. EECS, Postfach 379, Frankfurt (Oder), 1200; Tel. 463264

Termine

Fachtagung Automatisierung 1988 (21. Fachkolloquium Informationstechnik)

WER? Technische Universität Dresden, Sektion Informationstechnik, Wissenschaftsbereich Regelungstechnik und Prozeßsteuerung
WANN? 3. bis 5. Februar 1988
WO? Technische Universität Dresden
WAS?
- Automatisierungskonzepte und -strategien
- Softwareprobleme
- Geräte und Gerätesysteme
- Automatisierung verschiedener Bereiche wie Fertigung, Land- und Forstwirtschaft, Forschung, Energietechnik, Verfahrens- und Verarbeitungstechnik

WIE? Voranmeldungen bis zum 15. 9. 1987 an: Technische Universität Dresden, Sektion 9, Bereich 3, Kennwort Tagung 1988, Mommsenstr. 13, Dresden, 8027; Tel. 4633439. *Prof. Dr. Toepfer*

Mikroprozessorkompatibler D/A-Wandler C 560 D

Henning Zinke
VEB Halbleiterwerk Frankfurt (Oder)

Der D/A-Wandlerschaltkreis C 560 D verarbeitet ein 8 Bit breites Digitalwort in eine analoge Ausgangsspannung. Dabei beträgt der maximale Fehler 0,4 % vom Endwert. Zum D/A-Wandler gehören 8 Eingangsstufen mit pnp-Transistoren, die ein direktes Anlegen eines positiven Logikpegels ermöglichen. Dadurch wird der Betrieb mit einer Versorgungsspannung von Ucc = +5 V ... 15 V gewährleistet. Das nachgeschaltete Eingangs-Latch mit 2 Steuereingängen ermöglicht eine effektive μP-Anpassung des D/A-Wandlers.

Das 8-Bit-R-2R-Widerstandsnetz mit der Referenz und den dazugehörigen Transistoren erzeugt die 8 gewichteten Ströme. Diese werden über die Stromquellenschalter im Ausgangs-OPV in eine Spannung transformiert. Der OPV kann entsprechend der Betriebsspannung und Programmierung des U_OSEL-Anschlusses eine Spannung von U_O = 0 ... +2,5/2,55 V oder U_O = 0 ... +10/10,20 V erzeugen. Mittels einer „Sense"-Leitung (Anschluß UOSEN) wird der exakte Spannungswert am Verbraucher gewährleistet.

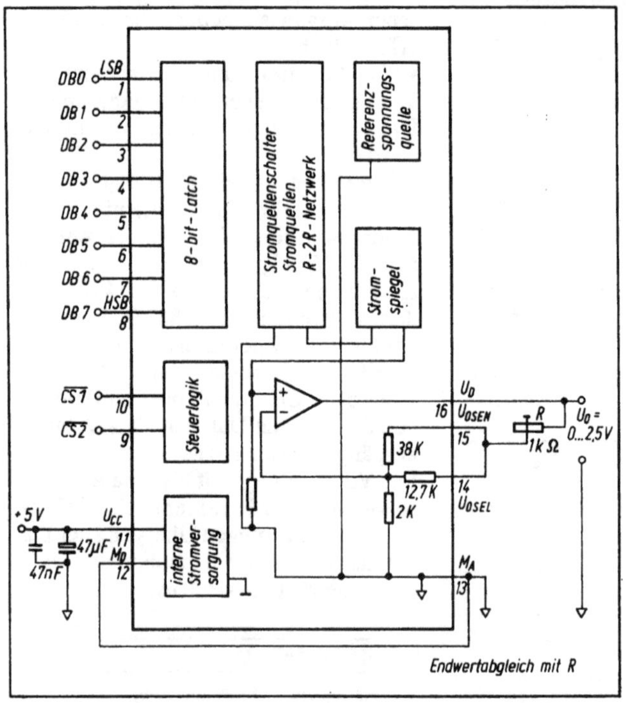

Bild 1 Blockschaltbild des C 560 D mit Beschaltung für U_O = 0 ... +2,5 V

Tafel 1 Funktionstabelle der Eingangslogik

DB0 bis DB7	$\overline{CS1}$	$\overline{CS2}$	Funktion
H, L	L	L	Latch ist transparent; direkte Umsetzung der Daten
H, L	L ↑	↑ L	Einschreiben der Daten in das Latch (Verriegelung); Umsetzung hat bereits bei $\overline{CS1}$ = $\overline{CS2}$ = L begonnen
X	H X	X H	Latch ist verriegelt; Ausgangsspannung entspricht den zuletzt eingeschriebenen Daten

Tafel 2 Grenzwerte

Kenngröße	Kurzzeichen	Kleinstwert	Größtwert
Betriebsspannung	U_{CC}	0 V	18 V
Eingangsspannung der Digitaleingänge	U_I	0 V	7 V
Ausgangsstrom Anschluß 16	I_o	0 mA	10 mA

Anmerkung: Aufgrund eines Versehens können wir die Tafeln 3 und 4 erst in MP 7/87 veröffentlichen. Wir bitten um Ihr Verständnis. Red.

Terminalsteuerzeichen des PC 1715

Das Terminal des PC 1715 ermöglicht durch die Verwendung von Steuerzeichen eine Ansteuerung von Sonderfunktionen.

Diese Funktionen sind:
- zwei verschiedene Helligkeitsstufen
- zwei verschiedene Zeichensätze
- Unterstreichung ein/aus
- Blinken ein/aus
- normale/inverse Schrift

Die Ansteuerung dieser Funktionen erfolgt durch Einschreiben eines Steuerzeichens in den Bildwiederholspeicher. Dazu ist die Escape-Folge 1 Bh 5 Eh xxh an das Terminal zu senden. Durch diese Folge wird das Byte xxh an der aktuellen Kursorposition in den Bildwiederholspeicher geschrieben und als Steuerzeichen interpretiert. Die jeweils eingestellte Funktion ist bis zum Auftreten eines anderen Steuerzeichens gültig. Die entsprechende Position wird auf dem Bildschirm als ein Leerzeichen dargestellt. Wird diese Position mit einem anderen Zeichen überschrieben, wird die Funktion ausgeschaltet.
Die Verfahrensweise zur Ausgabe der Steuerzeichen ist von der verwendeten Programmiersprache abhängig. Im weiteren wird ein Beispiel für die Programmiersprache des Datenbanksystems REDABAS vorgestellt.
Das Programm besteht aus drei Teilen. Im ersten werden die entsprechenden Bytefolgen als Makro abgespeichert. Im zweiten Teil wird über ein Menü die gewünschte Funktion ausgewählt, die im dritten Programmteil ausgeführt wird. Die entsprechenden Byte-Folgen werden als String in einen Speicher geschrieben, der dann an der entsprechenden Stelle im Programm als Makro aufgerufen wird. Diese Verfahrensweise er-

Bit	Bedeutung	
0	0 = normale Helligkeit,	1 = intensiv
1	0 = Blinken aus,	1 = Blinken ein
2	0 = 1. Zeichensatz	1 = 2. Zeichensatz
3	konstant 0	
4	0 = normale Schrift (wenn Bit 2 = 0)	1 = inverse Schrift
	0 = inverse Schrift (wenn Bit 2 = 1)	1 = normale Schrift
5	0 = unterstreichen aus	1 = unterstreichen ein
6	konstant 1	
7	konstant 0	

Tafel 1 Aufbau des Steuerbytes

```
set talk off
erase
*
*  Initialisierung der Steuerzeichen
*
store 'chr(27)+chr(94)+chr(64)' to NORM
store 'chr(27)+chr(94)+chr(65)' to HELL
store 'chr(27)+chr(94)+chr(67)' to HBLINK
store 'chr(27)+chr(94)+chr(80)' to INVERS
store 'chr(27)+chr(94)+chr(96)' to STRICH
store 'chr(27)+chr(94)+chr(83)' to HBLINV
*
*  Aufbau der Bildschirmmaske
*
@  0,77 say &NORM
@  0, 0 say &STRICH
@  2, 2 say &HELL+' Demonstrationsprogramm '+&NORM
@  3,77 say &NORM
@  3, 0 say &STRICH
@  5, 2 say &HELL+' Vorwaerts mit <X>, zurueck mit <E>,;
                 bestaetigen mit Leertaste '+&NORM
@  6,77 say &NORM
@  6, 0 say &STRICH
@  8, 2 say 'normal, unterstrichen '+&NORM
@ 10, 2 say 'hell '+&NORM
@ 12, 2 say 'hell, blinkend '+&NORM
@ 14, 2 say 'invers '+&NORM
@ 16, 2 say 'hell, invers, blinkend '+&NORM
@ 17,77 say &NORM
@ 17, 0 say &STRICH
*
*  Endlosschleife, mit ESC beenden
*
do while T
        store 'X' to TASTE
        store 6 to X
*
*  Schleife zur Tastenabfrage
*
        do while TASTE#''
             if !(TASTE)='X'
               store X+2 to X
               if X=18
                    store 8 to X
               endif
             endif
             if !(TASTE)='E'
               store X-2 to X
               if X=6
                    store 16 to X
               endif
             endif
             @   X,1 say &INVERS
             @  21,  0
             wait to TASTE
             @  22,  0
             @   X,1 say &NORM
        enddo
*
*  Ausfuehrung der gewaehlten Funktion
*
           @ 20, 0
           do case
                case X=8
                        @ 20,10 say &STRICH+' Das ist normal helle Schrift;
                              mit Unterstreichung '+&NORM
                case X=10
                        @ 20,10 say &hell+' Das ist helle Schrift '+&NORM
                case X=12
                        @ 20,10 say &HBLINK+' Das ist blinkende, helle;
                              Schrift '+&NORM
                case X=14
                        @ 20,10 say &INVERS+' Das ist inverse Schrift '+&NORM
                case X=16
                        @ 20,10 say &HBLINV+' Das ist helle, inverse blinkende;
                              Schrift '+&NORM
           endcase
enddo
```

Bild 2 Testprogramm zur Demonstration der Terminalfunktionen

leichtert die Eingabe und erhöht die Übersichtlichkeit.

Anmerkung:

Die Steuerzeichen sind hardwareabhängig. Auf den meisten der untersuchten Terminals funktionieren sie so wie beschrieben. Allerdings gibt es Abweichungen. So war bei einem Terminal das Bit für die Helligkeitsumschaltung mit der entgegengesetzten Funktion belegt, bei einem anderen wird statt der Unterstreichung eine Durchstreichung ausgeführt.

Bernd Matzke

Übertragung über Lichtleiter

Mit Hilfe der Lichtleitertechnik wurde an der Klinik für Nuklearmedizin der Berliner Charité eine Übertragungsstrecke für eine Szintillationskamera eingerichtet. Dieses Diagnosegerät ist über eine Entfernung von 650 Metern mit einem Bildverarbeitungssystem verbunden, das mit einer Übertragungsrate von 5 MBits pro Sekunde arbeitet. Mit dieser Lösung schuf ein Kollektiv der Klinik gemeinsam mit Mitarbeitern des Zentrums für Forschung und Technologie des Kombinats Elektroapparatewerke Berlin die Möglichkeit, den angeschlossenen Prozeßrechner jetzt für eine zweite örtlich entfernte Szintillationskamera zu nutzen. ADN

Labormuster vom 4-Megabit-Speicherchip

Siemens stellte erste Labormuster eines integrierten Halbleiter-Bausteins vor, der mehr als vier Millionen Bit speichern kann. Der 1-MBit-DRAM soll 1987 in die Massenfertigung gehen, 1989 der 4-MBit-DRAM. Von diesem Baustein der 4194304 Bit auf 91 mm^2 (6,5 mm × 14 mm) speichern kann, liegen jetzt die ersten Chips vor. Die wesentliche Neuheit in diesem Speicher ist die sogenannte Trench- oder Grabenzelle, bei der ein nur 1 μm breiter Graben 4 μm tief in das Silizium geätzt wird.
Für die mehr als 4 Millionen Speicherzellen auf einem Silizium-Chip sind 450 einzelne Prozeßschritte in CMOS-Technik erforderlich. Gegenüber dem 1-MBit-DRAM (54 mm^2) wird die Speicherkapazität vervierfacht, die Chipfläche mit 91 mm^2 jedoch nicht einmal verdoppelt. Die Trenchzelle, die je eine binäre Informationseinheit speichert, benötigt nur 5 μm^2 Scheibenfläche. Insgesamt kann der Chip den Inhalt von etwa 250 Schreibmaschinenseiten speichern. Die 4-MBit-Technologie wird in enger Zusammenarbeit mit dem niederländischen Philips-Konzern entwickelt.

K 1520-Mikrorechnerplatz mit Kassettenmagnetband

Dr. Joachim Mertins, Johannes Münch
VEB Elektroprojekt und Anlagenbau Berlin, Zentrum für Forschung und Technologie

Es wird eine K1520-Mikrorechnerkonfiguration vorgestellt, die ausschließlich auf Robotron-Baugruppen basiert /1/, /2/ und ein kassettenmagnetbandorientiertes Betriebssystem (KAMOS) verwendet. Als Zentraleinheit wird K2521 verwendet. Die Speichergröße beträgt 64 KByte RAM. Die wichtigsten Dienstprogramme stehen auf EPROM sofort zur Verfügung. Die Software und die Dokumentation des Systems sind nachnutzbar. Der Mikrorechner-Arbeitsplatz zeichnet sich durch schnellen und zuverlässigen Zugriff zu den Kassetten aus.

Monitorprogramm

Das Monitorprogramm (9 KByte) realisiert Grundfunktionen der Rechnerarbeit:
- Programmstart, Start von System- und Dienstprogrammen von EPROM (Phasenlader für Kassette, Editor, Assembler, Kassettenkopierprogramm, Anzeige Kassettenverzeichnis) durch Funktionstasten
- RAM-Speicher lesen und schreiben
- Maschinenkode-Lochstreifen lesen und stanzen
- Breakpoint, Registeranzeige, Dump, Prüfsummenbildung
- Füllen und Umladen von Speicherbereichen
- Unterprogramme für Nutzung durch Anwender, die Bildschirm, Tastatur, Drucker und Lochbandperipherie bedienen
- Programmieren und Lesen EPROM (1 K bzw. 2 K)

Kassettenmagnetbandarbeit und Dateikonzept

Durch Minimierung von Umspul- und Positionieroperationen, eine große Blocklänge (256 Byte), sequentielle Abspeicherung, Verzicht auf ein separates Dateiverzeichnis (Directory) auf Kassette, labelorientierten Zugriff zu den Dateien über Bandmarken sowie Arbeit mit zwei Kassettenlaufwerken (Quell- und Zielkassette) wird die Arbeit der Dienstprogramme beschleunigt.
Je Kassettenseite sind bis 256 Dateien möglich, die durch Bandmarken getrennt sind und aus sequentiellen Sätzen bestehen. Als Dateitypen sind Textdateien (Quellprogramm/freies Format) und Binärdateien (ladbare Programme mit Ladeadresse im Maschinenkode Z80/U880) möglich.
Der Phasenlader ermöglicht das Laden von Binärdateien von Kassette in den RAM-Speicher und den Programmstart für abarbeitbare Programme, die Ausgabe von RAM-Bereichen auf Kassette und allgemeine Servicefunktionen für Kassettengeräte (Vorspulen/Rückspulen bis n-te Bandmarke, Rückspulen zum Bandanfang, Zuordnung logische und physische Geräte).
Für die Nutzung durch Anwender stehen Unterprogramme zur Bedienung der Kassettengeräte und zum Lesen und Schreiben von sequentiellen Dateien zur Verfügung.

Software

Falls kein Kassettenmagnetbandgerät und nur Lochbandtechnik vorgesehen ist, wird eine Programmentwicklung und -testung über Lochband-Editor und -Assembler unterstützt.
Die wichtigsten Dienstprogramme, die Kassettenarbeit unterstützen, sind: Editor, Assembler Z80/U880 (Absolut-Assembler für Erzeugung abarbeitbarer Programme), Kopierprogramm für eine oder mehrere Dateien in beliebiger Reihenfolge oder für gesamte Kassetten, Reassembler Z80/U880 mit 2 KByte Speicherbedarf, BASIC-Interpreter mit 12 KByte Speicherbedarf (bzw. TINY-BASIC-Interpreter mit 14 KByte), ein FORTH-Interpreter sowie Unterstützung der Textverarbeitung (mehrfacher Druck einer Datei bzw. mehrerer Dateien ohne Bedienereingriff). Außerdem wird die Kopplung mit einem SKR-Rechner unterstützt (Übertragung von Dateien).

Kompatibilität zum Bürocomputer A 5120/5130

Auf dem Bürocomputer wurde unter den Betriebssystemen UDOS und CP/M (Version CPA) ein KAMOS-kompatibles Kassettenbediensystem installiert. Mit dessen Hilfe ist ein Dateitransfer von Quell- und Binärdateien zwischen Diskette und Kassette möglich. Das Kassettenformat ist dabei zwischen den Betriebssystemen UDOS, CP/M und KAMOS kompatibel /3/.

Literatur

/1/ Mertins, J.: Mikrorechnerarbeitsplatz aus K 1520-OEM-Baugruppen. Sozialistische Rationalisierung in der Elektrotechnik/Elektronik, 14 (1985) 2, S. 39–43
/2/ Mertins, J.; Münch, J.: Betriebssystem KAMOS für K 1520-OEM-Konfiguration. Sozialistische Rationalisierung in der Elektrotechnik/Elektronik 15 (1986) 5, S. 105–108
/3/ Kassettenmagnetband für Bürocomputer unter UDOS. rechentechnik/datenverarbeitung 22 (1985) 9, S. 29

✉ KONTAKT ☎

VEB Elektroprojekt und Anlagenbau Berlin, Zentrum für Forschung und Technologie, Abt. RC4, Rhinstraße 100, Berlin, 1140, Tel. 5509531 App. 29

MP-Börse

Nutzerhandbuch BDS–C

An unserer Einrichtung wurde ein Nutzerhandbuch für die Sprache C (BDS–C, Vers. 1.50) erarbeitet. Im Teil 1 wird der Weg von der Erstellung eines Quell-Programmes bis zum lauffähigen Maschinen-Programm beschrieben. Der Teil 2 enthält eine vollständige Aufstellung der etwa 200 Funktionen umfassenden Library. Die Möglichkeit der Verwendung von Long-integer- bzw. Floating-point-Werten wird im Teil 3 erläutert. Der Teil 4 beschreibt die Arbeitsschritte zur Erzeugung von Maschinenprogrammen, die nicht unter dem Betriebssystem CP/M laufen sollen. Im Teil 5 werden einige Beispiele für C-Programme demonstriert.
Interessenten wenden sich an die Ingenieurhochschule für Seefahrt Warnemünde/Wustrow, Wissenschaftsbereich Informationsverarbeitung, Richard-Wagner-Str., Warnemünde, 2530, Tel.: 57345/Koll. Chmiela.

Lehrsystem für die Ausbildung am Computer

Mit dem Lehrsystem LKO 1520/2 ist es möglich, Grundkenntnisse der Programmierung und Nutzung eines Computers im Dialog am Computer zu erlernen. Es sind Lehrprogramme für BASIC, POWER, REDABAS, TP und Supercalc vorhanden, die das Selbsterlernen des Umgangs mit der Software bei geringen Vorkenntnissen ermöglichen. LKO 1520/2 ist einsatzfähig auf PC 1715, A 5120/30 (Betriebssystem SCP) und KC 85/2 (3). Für die eigene Erarbeitung weiterer Lehrprogramme steht das Autorensystem AUT 1520 für die genannten Rechnertypen zur Verfügung.

Interessenten wenden sich an die Betriebsschule des VEB Plauener Gardine, Dobenaustraße 80, Plauen, 9900, Tel. 27051, Dr. Eckardt.

Programmierung in C

Teil V

Dr. Thomas Horn
Informatikzentrum des Hochschulwesens an der Technischen Universität Dresden

Im vorletzten Teil der Artikelreihe zu C wird das Ein- und Ausgabekonzept der Programmiersprache C behandelt, das kein integrierter Bestandteil der Sprachdefinition ist, sondern über eine umfangreiche Funktionsbibliothek realisiert wird. Es gibt ein Minimum an E/A-Funktionen, die als Quasi-Standard von allen C-Systemen realisiert werden. Diese Funktionen werden im wesentlichen im vorliegenden Beitrag behandelt. Sie garantieren auch eine Portabilität der C-Programme unter den verschiedenen Rechnern und Betriebssystemen. Weiterhin werden einige Hinweise zur Verarbeitung von C-Programmen gegeben. Das Prinzip wird hier im wesentlichen allgemeingültig dargestellt, wobei unter den einzelnen Betriebssystemen im Detail, vor allem bei den Kommandos und Filespezifikationen, geringfügige Abweichungen auftreten können. Über diese Besonderheiten sollte man sich immer informieren, wenn man mit einem bestimmten C-Sprachverarbeitungssystem unter einem konkreten Betriebssystem zu arbeiten beginnt. Der letzte Teil dieser Artikelreihe wird dann einige komplexe Programmbeispiele behandeln, an denen auch die Programmierungstechnik in C verdeutlicht werden soll.

9.5. Zeilennumerierung

#line *constant identifier*

definiert die Zeilennummer und den Namen eines Quellprogramms. Die Präprozessoranweisung wird zur besseren Identifikation von Fehlermeldungen bei C-Programmen benutzt, die durch zahlreiche Fileeinfügungen unübersichtlich geworden sind. Die Anweisung ermöglicht, daß sich die Fehlermeldungen auf die Zeilennummern verschiedener Quellfiles beziehen können. Wenn in der Anweisung kein Identifikator spezifiziert ist, so wird der letzte Identifikator weiter benutzt.

Beispiel:
#line 1 TESTO
Die folgende Zeile des Files **TESTO** bekommt die Zeilennummer 1.

Beispiel:
Wenn der Generierungsparameter **TIME** ungleich 0 ist, soll die Struktur **datum** mit der Komponente Zeit generiert werden, anderenfalls soll die Struktur keine Komponente Zeit definieren.

```
#define TIME 1
...
#if TIME
struct datum
{int tag;
char *monat;
char jahr[2];
int zeit[2];
#else
struct datum
{int tag;
char *monat;
char jahr[2];}
#endif
```

Die generierungsabhängige Struktur **datum** kann auch vereinfacht wie folgt definiert werden:

```
struct datum
{int tag;
char *monat;
char jahr[2];
#if TIME
int zeit[2];
#endif
}
```

Die zweite Schreibweise ist der ersten äquivalent.

10. Ein- und Ausgabefunktionen

Die Ein- und Ausgabeorganisation ist, wie bereits erwähnt, kein Bestandteil der Sprachdefinition der Programmiersprache C. Sie wird grundsätzlich über Funktionen der Standard-Unterprogrammbibliothek (CSLIB.OLB oder C.OLB) realisiert, die größtenteils Assemblerunterprogramme zur Anpassung an das Betriebssystem des jeweiligen Rechners enthält. Durch die Standard-Unterprogramme der Unterprogrammbibliothek wird im wesentlichen die Portabilität der C-Programme abgesichert. Diese Unterprogramme (Funktionen) werden nachfolgend behandelt.

10.1. Prinzipien der Fileverarbeitung

Unter einem File wird eine logisch zusammenhängende Menge von Datensätzen verstanden, die nach einem bestimmten Organisationsprinzip auf externen Datenträgern, wie Disketten, Plattenspeicher, Magnetbandkassetten usw., gespeichert werden. Vielfach wird in der Literatur der früher stärker benutzte Begriff Datei dem Begriff File gleichgesetzt, wobei aber der Begriff Datei vom Organisationsprinzip des Files (Filestruktur) abstrahiert. Files werden auf den externen Datenträgern durch Filespezifikationen identifiziert. Eine Filespezifikation besteht im allgemeinen aus einem Gerätenamen (*dev:*), einem Verzeichnisnamen (*dir/*oder **[***dir***]**), einem Filenamen (*fname*) und einem Filetyp (*.ftyp*):

dev:dir/fname.ftyp
oder
*dev:***[***dir***]***fname.ftyp;version*

In CP/M-kompatiblen Betriebssystemen entfällt generell die Angabe eines Verzeichnisses. In MS-DOS- bzw. UNIX-kompatiblen Betriebssystemen wird das Verzeichnis durch einen Schrägstrich vom Filenamen getrennt. Es können auch – durch Schrägstriche getrennt – noch Unterverzeichnisse (*Subdirectories*) spezifiziert werden. Im Betriebssystem OS-RW auf SKR-Anlagen wird das Verzeichnis generell in ekkigen Klammern spezifiziert, und nach dem Filetyp kann noch eine Versionsangabe (*;version*) folgen. Beim Zugriff auf das Standardgerät, das Standardverzeichnis des Nutzers und die letzte Versionsnummer eines Files können die entsprechenden Angaben in der Filespezifikation entfallen, so daß nur der Filename und der Filetyp angegeben werden müssen.
Für nicht filestrukturierte Geräte, wie Drucker, Terminals usw., müssen die entsprechenden Gerätenamen spezifiziert werden, wobei die Angabe von Filename und Filetyp entfallen kann, z. B. für den Drucker in Abhängigkeit vom Betriebssystem **PRT:**, **LST:** oder **LP:** usw.
In Betriebssystemen werden sequentielle Files und Direktzugriffsfiles unterschieden.
Sequentielle Files können auf allen Geräten ein- oder ausgegeben werden, wie Diskettenspeicher, Magnetbandgeräte,

Terminals, Drucker usw. Direktzugriffsfiles können nur auf Geräten mit wahlfreiem Zugriff, wie Diskettenspeicher und Plattenspeicher, ein- und ausgegeben werden. Da die sequentiellen Files von grundlegender Bedeutung sind und betriebssystemunabhängig realisiert werden können, „standardisiert" die Standard-Unterprogrammbibliothek nur die Verarbeitung sequentieller Files. Die Verarbeitung von Direktzugriffsfiles ist im wesentlichen betriebssystemabhängig und soll deshalb nur als Beispiel für das Betriebssystem UNIX zum Schluß dieses Abschnitts skizziert werden.
Die Verarbeitung von Files schließt folgende Funktionen ein:

- Eröffnen des Files (*open*)
- Ein- oder Ausgabe der Datensätze (*read* oder *write* bzw. *get* oder *put*)
- Schließen des Files (*close*).

Für die Fileeröffnung wird bei sequentiellen Files die Funktion **fopen** verwendet. Bei der Fileeröffnung wird vom Laufzeitsystem ein Filedeskriptorblock (FDB) eingerichtet. Bei der Fileverarbeitung mit den Ein- und Ausgabefunktionen, wie **getc**, **putc**, **fgets**, **fputs** usw., wird auf den FDB über einen Filepointer *fp* Bezug genommen. Nach der Fileverarbeitung wird mit der Funktion **fclose** das File wieder geschlossen und der FDB gelöscht.
Zur Vereinfachung der Anwendung der Fileverarbeitung existiert ein File *STDIO.H*, das die Strukturdefinition für den FDB enthält. Die Bezugnahme erfolgt über den Strukturentyp **FILE**, mit dem beliebige Filepointer eingerichtet werden können. Voraussetzung ist, daß das File *STDIO.H* mit der Anweisung **#include <stdio.h>** am Programmanfang in das C-Programm eingefügt wurde. (Das File *STDIO.H* enthält außerdem noch Definitionen für die Symbole **FALSE** (0), **TRUE** (1), **NULL** (0), **EOF** (−1) und **EOS** (\0).)
Die Fileeröffnung kann dann wie folgt durchgeführt werden:

fp=**fopen** (*name*, *mode*);

wobei
name
die Filespezifikation angibt, die entsprechend den Festlegungen des verwendeten Betriebssystems aufgebaut sein muß,
mode
die Zugriffsart spezifiziert:
„**r**" – Lesezugriff,
„**w**" – Schreibzugriff,
„**a**" – Schreibzugriff zum Anfügen an das File.

Dem Filepointer wird bei fehlerfreier Fileeröffnung die Adresse des FDB zugewiesen. Bei fehlerhafter Fileeröffnung wird der Filepointer *fp* auf Null gesetzt. Diese Bedingung kann mit dem Symbol **NULL** getestet werden.
Der Fileabschluß erfolgt mit:

fclose (*fp*);

Bei normaler Programmbeendigung wird jedes noch offene File automatisch geschlossen.
Durch das Laufzeitsystem werden drei Filepointer für das Standardgerät des Nutzers, das Bedienterminal (**CON:** oder **TI:**), automatisch eingerichtet:

stdin – als Standardeingabegerät
stdout – als Standardausgabegerät
stderr – als Standardfehlerausgabegerät.

Diese Filepointer brauchen nicht definiert und die Files nicht eröffnet werden (sind in *STDIO.H* definiert).

Beispiel:
```
#include <stdio.h>
main ()
{
FILE *fp1,*fp2;
if((fp1=fopen("TEST.DAT","r"))
            ==NULL) goto ENDE;
if((Fp2=fopen("LP:","w"))
            ==NULL) goto ENDE;
...
fclose(fp1); fclose(fp2);
ENDE:
}
```

10.2. Ein- und Ausgabe von Zeichen

Die zeichenweise Ein- und Ausgabe kann mit den Funktionen **getc** und **putc** durchgeführt werden:

c=**getc(***fp***);**
putc(*c*,*fp***);**

wobei *c* die Variable (im Byteformat) ist, die ein- oder ausgegeben werden soll. Wenn bei einer Eingabeanweisung kein Zeichen mehr zur Verfügung steht, so wird der Variablen *c* der Wert **−1** (**EOF** – **E**nd **O**f **F**ile) zugewiesen, der mit dem Symbol **EOF** ausgetestet werden kann.
Zur Vereinfachung der Nutzung des Standardein- bzw. -ausgabegerätes stehen zwei weitere Funktionen zur Verfügung: *c*=**getchar();**
entspricht: *c*=**getc(stdin);**
putchar(*c***);**
entspricht: **putc(***c***,stdout);**

Beispiel:
Angenommen, im Beispiel 10.1 soll das File **"TEST.DAT"** auf **"LP:"** protokolliert werden, so sind folgende Anweisungen zu ergänzen:

```
char c;
while((c=getc(fp1))!=EOF)
putc(c,fp2);
```

10.3. Ein- und Ausgabe von Zeilen

Die Ein- und Ausgabe von Zeilen kann mit den Funktionen **fgets** und **fputs** erfolgen:

s=**fgets(***line*,*lmax*,*fp***);**
fputs(*line*,*fp***);**

wobei
line das Feld mit der Zeile,
lmax die maximal einzugebende Zeilenlänge und
s Adresse des Satzes oder **NULL** (bei Fileende) ist.
Es ist zu beachten, daß das letzte Zeichen einer Zeichenkette immer ein Null-Zeichen (**EOS** – **E**nd **O**f **S**tring) ist; das heißt, wenn *lmax* mit 80 Zeichen vorgegeben ist, beträgt die tatsächliche maximale Zeilenlänge nur 79 Zeichen. Genauso fordert **fputs**, daß die auszugebende Zeile mit dem Steuerzeichen **EOS** abgeschlossen ist.
Zur Vereinfachung der Arbeit mit dem Standardgerät des Nutzers stehen zwei weitere Funktionen zur Verfügung:
gets(*line***)**
entspricht: **fgets(***line*,*lmax*, **stdin)**
puts(*line***)**
entspricht: **fputs(***line***,stdout)**

Beispiel
```
#include <stdio.h>
main()
{
char zeile[80]; FILE*fp1;
if((fp1=fopen("TEST.C","r"))
==NULL)
error("File can't be opened");
while(fgets(zeile,80,fp1))
fputs(zeile,stdout);
fclose(fp1);
}
```

10.4. Formatierte Ein- und Ausgabe

Für die formatierte Ein- und Ausgabe stehen die zwei Funktionen **fprintf** und **fscanf** zur Verfügung:

fprintf(*fp*,*format*,*arg1*,*arg2*, ...**)**
fscanf(*fp*,*format*,*arg1*,*arg2*, ...**)**

wobei
format – die Formatbeschreibung und
argi – die Argumente angeben.

Die Formatbeschreibung gibt den Aufbau des externen Datensatzes an, wobei spezifiziert wird, an welcher Stelle sich welche Argumente in welchem Datenformat befinden sollen. Die Datenformate der Argumente werden durch Formatelemente beschrieben, die mit ge-

wöhnlichen Textzeichen beliebig gemischt werden können. Bei der Ausgabe geben die Formatelemente somit an, an welcher Stelle welche Argumente in welchem Format eingefügt werden sollen. Bei der Eingabe geben die Formatelemente an, wie die Eingabezeichenkette zu interpretieren ist.
Die Formatelemente beginnen mit einem Prozentzeichen **%**. Das Format wird durch ein nachfolgendes Zeichen spezifiziert:

d dezimale Darstellung des Arguments (**int**)
u dezimale Darstellung des Arguments ohne Vorzeichen (nur Ausgabe) (**int**)
o oktale Darstellung des Arguments (**int**)
x hexadezimale Darstellung des Arguments (**int**)
c das Argument ist ein Zeichen (**char**)
s das Argument ist eine Zeichenkette (**char**)
f Eingabe eines Gleitkommaarguments (**float** oder **double**)
Ausgabe eines Gleitkommaarguments in der Punktdarstellung *[−]mmm.nnnnnn*.
e Ausgabe eines Gleitkommaarguments in der Exponentendarstellung *[−]m.nnnnnn***E***[+−]xx*.
g Ausgabe eines Gleitkommaarguments in der Form **%e** oder **%f**, je nachdem, welches Format kürzer ist.

Soll in dem Text ein **%**-Zeichen ausgegeben werden, so muß **%%** spezifiziert werden.
Bei der Ausgabe kann zwischen dem **%**-Zeichen und dem Formatzeichen eine ausführliche Druckformatspezifikation stehen:

– Ein *Minuszeichen,* das angibt, daß das umgewandelte Argument in seinem Feld linksbündig ausgerichtet wird.
– Eine *Zahl,* die die minimale Feldbreite definiert. Erfordert das Argument nicht die volle Feldbreite, so wird das Feld mit Leerzeichen aufgefüllt. Beginnt die Zahl, die die Feldbreite spezifiziert, mit einer Null, so wird das Feld mit Nullen aufgefüllt.
– Ein *Punkt* mit einer *Zahl,* die eine maximale Feldbreite definiert. Bei **float** und **double** gibt diese Zahl die Stellen nach dem Dezimalpunkt an.
– Ein *Buchstabe* **l**, der angibt, daß das zugehörige Argument im **long**-Format (bzw. **double**-Format) spezifiziert ist.

Bei der Eingabe werden Leerzeichen, Tabulatoren und Zeilenvorschubzeichen in der Formatbeschreibung ignoriert.
Sonstige Zeichen (außer **%**) müssen in der Eingabezeile auftreten. Die Formatelemente legen den Datentyp der Argumente fest. Zwischen dem **%**-Zeichen und dem Formatzeichen können stehen:

– Ein Stern (*), der angibt, daß das Eingabefeld übersprungen wird. Eine Wertzuweisung erfolgt nicht.
– eine Zahl, die die Feldbreite des Eingabefeldes spezifiziert
– ein Buchstabe **l** vor den Formatzeichen **d**, **o** oder **x** zeigt an, daß das entsprechende Argument im **long**-Format spezifiziert ist. Vor dem Umwandlungszeichen **e** oder **f** weist **l** auf das **double**-Format hin.

Bei der Eingabe ist zu beachten, daß die Argumente Zeiger sein müssen. Bei Feldvariablen ist das automatisch gegeben. Bei einfachen Variablen ist, falls kein Zeiger vorhanden, die Adresse über den Adreßoperator **&** zu spezifizieren.
Zur Vereinfachung der Nutzung des Standardein- und -ausgabegerätes stehen zwei weitere Funktionen zur Verfügung:

printf(*format,arg1,arg2,...***)**
scanf(*format,arg1,arg2,...***)**

Diese beiden Funktionen entsprechen den Funktionen **fprintf** und **fscanf**, mit der Ausnahme, daß kein Filepointer angegeben wird.

Beispiel:

```
main()
{
int n;
float s;
char name[40];
scanf("%s %d %f", name,&n,&s);
printf("\nName:%-20s Nr. %-4d
       Gehalt: %8.2f M", name,n,s);
printf("\n\nEnde
des Programms\n");
}
```

Mit **scanf** wird eine Eingabe angefordert. Es wird folgende Zeichenkette eingegeben:

Meier 713850.6<CR>

Auf dem Terminal erscheinen folgende Ausgaben:

Name: Meier Nr.713 Gehalt: 850,60 M

Ende des Programms

10.5. Formatumwandlung im Speicher

Analog zu den Funktionen **fprintf** und **fscanf** existieren zwei weitere Funktionen, **sprintf** und **sscanf**, die die gleichen Formatumwandlungen vornehmen, aber die Zeichenketten nicht ein- und ausgeben, sondern die Zeichenketten im Speicher ablegen bzw. im Speicher voraussetzen. Diese Funktionen werden wie folgt aufgerufen:

sprintf(*string,format,arg1,arg2,...***)**
sscanf(*string,format,arg1,arg2,...***)**

wobei
string die Zeichenkette spezifiziert, die bei **sprintf** das Ergebnis der Formatwandlung aufnehmen soll bzw. bei **sscanf** die umzuwandelnde Zeichenkette enthält,
format die Formatbeschreibung (siehe 10.4.) und
argi die Argumente (siehe 10.4.) angeben.

10.6. Fehlerausgaben, Programmbeendigungen und Zusatzfunktionen

Für Fehlerausgaben und Programmbeendigungen wird meistens die Funktion

error("*string***")**

benutzt, wobei *string* die Fehlernachricht spezifiziert. Die Fehlernachricht wird auf **stderr** ausgegeben. Die Files werden ordnungsgemäß abgeschlossen und das Programm abgebrochen. (Für den Parameter **"***string***"** kann auch eine Parameterspezifikation wie in der **printf**-Funktion stehen.)
Ein Programm kann auch mit der Funktion **exit(***n***)** abgebrochen werden, wobei *n* einen Fehlerkode spezifiziert. Eine Null (0) zeigt eine fehlerfreie Ausführung an. Auch bei **exit** werden alle Files ordnungsgemäß abgeschlossen. Vor **exit** kann eine Aufbereitung einer Fehlermitteilung mit **fprintf** erfolgen.

Beispiel:

```
fprintf(stderr,"\nFile%s kann
nicht eröffnet werden
\n", name);
exit(1);
```

Bei der Eingabe von Zeichen kann mit der Funktion

ungetc(*c,fp***)**

das jeweils letzte Zeichen wieder in das File zurückgeschrieben und somit das File modifiziert werden. Hierbei haben die Parameter folgende Bedeutung:
c – zurückzuschreibende Variable
fp – Filepointer des zu modifizierenden Files.

10.7. Elementare E/A-Funktionen

Die elementaren E/A-Funktionen gestatten im Betriebssystem UNIX die unmittelbare Verarbeitung von beliebigen physischen Datenträgern im sequentiellen Zugriff und Direktzugriff. Der Transfer wird dabei direkt zwischen dem E/A-Puffer und dem E/A-Gerät organisiert. Folgende Funktionen stehen zur Verfügung:

fd=**open(***name,rwmode***):**
Eröffnen eines Files
fd=**creat(***name,pmode***):**
Erstellen eines neuen Files
na=**read(***fd,buf,n***):**
Lesen eines Blockes
na=**write(***fd,buf,n***):**
Schreiben eines Blockes
close(*fd***):**
Schließen eines Files
unlink(*name***):**
Löschen eines Files
lseek(*fd,offset,position***):**
Positionieren auf ein Byte

wobei
fd – Filedeskriptornummer für das File,
name – Filespezifikation,
rwmode – Zugriffsart:
0 – nur Lesezugriff
1 – nur Schreibzugriff
2 – Lese- und Schreibzugriff
pmode – Fileschutzfestlegung (neun Bits):

rew	*rew*	*rew*
Eigentümer	Gruppenmitglieder	Übrige

r =**1** – Lesen erlaubt
e =**1** – Ausführen erlaubt
w=**1** – Schreiben erlaubt
buf – E/A-Puffer
n – Blockgröße (in der Regel 512 Byte)
na – aktuelle Blockgröße in Byte (tatsächlich ein- oder ausgegebene Byteanzahl)
offset – Nummer des Bytes, auf das positioniert werden soll. Diese Angabe muß im **long**-Format spezifiziert werden!
position – Fileposition als Basis für *offset:*
0 = Fileanfang
1 = aktuelle Fileposition
2 = Fileende

Der Parameter *fd* ist eine Filedeskriptornummer, die nicht mit dem Filepointer *fp* verwechselt werden darf. *fd* ist immer eine positive Integerzahl. Die Nummern **0**, **1** und **2** sind für die Files **stdin**, **stdout** und **stderr** vergeben. Werden weitere Files eröffnet, so werden weitere Nummern vergeben. Wenn ein File nicht eröffnet werden kann, so wird *fd* auf **–1** gesetzt.
Der Parameter *na* wird auch zur Fehlererkennung verwendet. Ein Wert **–1** zeigt einen Ein- bzw. Ausgabefehler und ein Wert **0** bei Eingabefiles das Fileende an.

Beispiel:
```
#include<stdio.h>
main()
{
char block[512];
int file1,file2;
if ((file1=open("TEST.TXT",0))<0)
error ("File 1 nicht vorhanden");
if ((file2=creat
("TEST.DOC",0766))<0)
   error ("File 2 kann nicht
   angelegt werden");
while ((n1=read(file1,block,
512))!=0)
{if (n1<0) error ("Eingabefehler");
if ((n2=write(file2,block,n1)!=n1)
error ("Ausgabefehler");}
close (file1); close (file2);
}
```

11. Methodik der Programmentwicklung

Unter fast allen Betriebssystemen erfolgt die Verarbeitung von Quellprogrammen, die in der Programmiersprache C geschrieben sind, nach dem Prinzip der zweistufigen Programmentwicklungsmethodik (Bild 1). Dieses Prinzip schließt die Verwendung eines Zwischenkodes, des sogenannten Objektkodes, ein. Jeder Quellmodul *fname*.**C** wird in der ersten Verarbeitungsstufe durch den C-Compiler **CC** in einen Objektmodul
fname.**OBJ** übersetzt. Unter einem Quellmodul wird allgemein eine Übersetzungseinheit des Compilers verstanden. Der C-Compiler läßt zu, daß ein Quellmodul eine oder mehrere komplette Funktionen enthält. Der Objektmodul enthält im wesentlichen das in den Maschinenkode des Zielrechners übersetzte C-Programm sowie Steuerinformationen über die Definition globaler Symbole und die Bezugnahme auf globale (externe) Symbole. Während der Übersetzung eines Quellmoduls kann der C-Compiler auf das File *STDIO.H* mit der Definition des Filedeskriptorblockes und der Filepointer für die Standardgeräte Bezug nehmen. Ebenso können beliebige andere Quellfiles mit der **#include**-Anweisung vom C-Compiler in den Quellmodul eingefügt werden.
In der zweiten Verarbeitungsstufe werden die getrennt übersetzten Objektmoduln durch den Programmverbinder (**LINK** – Linker oder **TKB** – Taskbuilder) zu einem ausführbaren Maschinenkodeprogramm (*fname*.**EXE** oder *fname*.**TSK**) verbunden. Dabei nimmt der Programmverbinder auch auf die Objektmodulbibliothek des C-Laufzeitsystems (**CSLIB.OLB** oder **C.OLB**) und gegebenenfalls auch auf private Objektmodulbibliotheken Bezug. Aus den Objektmodulbibliotheken werden nur die Objektmoduln verwendet, die benötigt werden, um noch offene Bezugnahmen auf externe (globale) Symbole auflösen zu können. An den bezugnehmenden Stellen in den verschiedenen Objektmoduln ergänzt der Programmverbinder die absoluten virtuellen oder physischen Adressen der externen (globalen) Symbole. Das Ergebnis der Programmverbindung ist der ausführbare Lademodul, der alle benötigten Hilfsfunktionen beinhaltet und keine offenen Bezugnahmen auf externe (globale) Symbole mehr enthält.
Die Aufbereitung der C-Quellmoduln erfolgt mit einem Standard-Editor des jeweiligen Betriebssystems. Da der C-Compiler keine Drucklisten des Quellmoduls erstellt, sondern nur eine Fehlerliste ausgibt, müssen für die Ausgabe der Druckliste des Quellmoduls die Betriebsfunktionen wie **TYPE**, **PRINT** oder **PIP** genutzt werden.
Der Programmverbinder erstellt bei Bedarf eine Druckliste, die die eingebundenen Objektmoduln und die Hauptspeicheraufteilung ausweist.
Der Start des Lademoduls erfolgt mit dem **RUN**-Kommando des Betriebssystems. Spezielle Testhilfen werden für den Test von C-Programmen nicht zur Verfügung gestellt. Zweckmäßigerweise bedient man sich für eine Testunterstützung der **printf**-Funktion, mit der man für Testzwecke die Zustände von internen Variablen an bestimmten Stellen des Algorithmus ausgibt. Später werden diese **printf**-Anweisungen entweder wieder aus dem Programm gelöscht oder in Kommentare umgewandelt.
Für die Verarbeitung eines C-Programms unter einem bestimmten Betriebssystem muß man sich in jedem Fall mit den entsprechenden Anweisungen zur Benutzung der verschiedenen Betriebssystemkomponenten, des C-Compilers und des Programmverbinders vertraut machen.

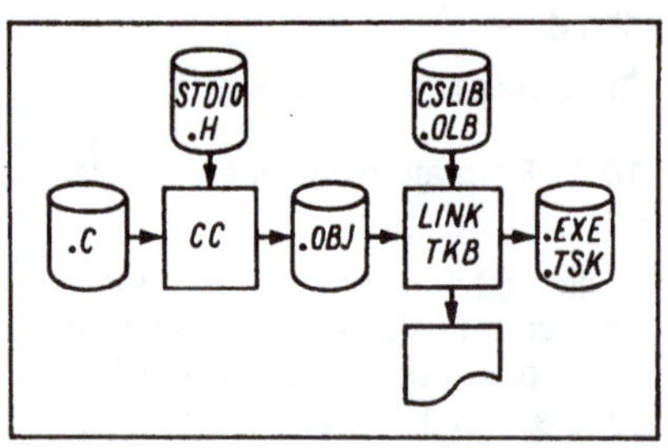

Bild 1 Methodik der Programmentwicklung

Computerkopplung KC 85/3 – PC 1715 über V.24-Interface

Klaus-Dieter Kirves,
Karsten Schiwon
VEB Mikroelektronik „Wilhelm Pieck"
Mühlhausen

Mit der Bereitstellung des Moduls M003-V24 für die Kleincomputer KC 85/2 und KC 85/3 ist nicht nur eine Möglichkeit für die Kleincomputer geschaffen worden, Daten auf Drucker auszugeben, sondern auch die einer Kopplung von Kleincomputern untereinander oder zu anderen Computern, wie z. B. dem PC 1715. Dabei ist eine sinnvolle Ergänzung der Möglichkeiten beider Computer denkbar, wie das Erfassen von Daten auf Kleincomputern und deren rechnerisches Auswerten auf dem Personalcomputer oder auch das grafische Darstellen errechneter Werte auf dem Kleincomputer. Weiterhin stehen durch eine Kopplung die Diskettenlaufwerke der PC 1715 auch den Kleincomputern als externe Speicher zur Verfügung.

Tafel 1 Belegung des Verbindungskabels

Signalleitung am PC	Anschluß am PC 1715 Steckverbinder 26polig	Anschluß KC 85/3 Diodenbuchse
Masse	A1, B1, B2	2
RxD	B4	3
DTR	B8	4
TxD	A3	1
CTS	B6	5
DCD	A9 – Brücke zu B8	

Tafel 2 Eingestellte Parameter

Device:	PC 1715 V.24
Übertragungsrate:	1200 Baud
Bit pro Zeichen:	8
Anzahl der Stoppbits:	1
Protokollart:	DTR
Parität:	keine

So, wie die Anwendungs- und Einsatzgebiete der Computer in den verschiedenen Fällen starke Unterschiede haben, werden auch die Aufgaben einer Kopplung von Computern stark differieren. Deshalb kann hier das Problem der Computerkopplung nicht für alle Anwender gelöst werden, sondern es sollen Hinweise zur Übertragung von BASIC-Quellprogrammen und -Daten gegeben werden.

Die Programmkassette C 0171 V.24-Software enthält zwei Duplex-Schnittstellen, die vom BASIC-Interpreter des KC 85/3 über die Anweisungen LIST#2, LOAD#2, PRINT#2 und INPUT#2 (bzw. #3) angesprochen werden. Auf dem PC 1715 ist ein universelles Koppelprogramm TLCX des Büromaschinenwerkes Sömmerda als Schnittstelle zum SCPX verfügbar. Tafel 1 zeigt die Beschaltung des zur Kopplung erforderlichen Kabels. Tafel 2 gibt die einzustellenden Parameter an.

Zur Kopplung wird in den KC 85/3 entweder die Routine V24DUPL1.COM (entspricht #2) oder V24DUPL2.COM (#3) geladen. Beide Programme sind selbststartend und somit beim Start des BASIC-Interpreters sofort verfügbar.

Am PC 1715 wird das Programm TLCX gestartet. Anschließend erfolgt einmalig das Einstellen der Übertragungsparameter und deren Abspeicherung. Das Aktivieren der Übertragung erfolgt mit dem Kommando 'TALK'. Durch Eingabe von '(ESC)?' können die möglichen Bedienungen abgefragt werden. Mit '(ESC)G' wird der PC auf Empfang geschaltet und mit der vereinbarten ESCAPE-Folge beendet, und die empfangenen Daten können auf Diskette abgelegt werden. Das Senden von Daten erfolgt über '(ESC)S'. Diese Form der Übertragung ist nur für ASCII-Dateien geeignet.

Beispiel 1

Vom PC 1715 wird ein BASIC-Programm in den KC übertragen.
- Starten BASIC im KC
- Laden V24DUPL2.COM mit BLOAD
- Starten der Übertragung mit LOAD#3"A" (beliebiger Name)
- Laden TLCX im PC
- Starten der Übertragung mit (ESC)S
- Eingabe des Namens
- Einstellen der Protokollart 'T' (TIME-WAIT, d. h. nach jeder übertragenen Zeile läßt der PC dem BASIC-Interpreter des KC eine Sekunde Zeit zum Einordnen der Zeile)
- das empfangene Programm wird auf dem Bildschirm des KC aufgelistet
- Beenden im KC mit der 'BRK'-Taste

Beispiel 2

BASIC-Programme oder Daten aus einem BASIC-Programm des KC werden als ASCII-Datei auf Diskette des PC zur weiteren Bearbeitung, z. B. mit BASI oder TP, abgelegt.
- Starten TLCX
- Starten Übertragung mit (ESC)G
- Eingabe des Namens
- Einstellen der Protokollart N (NO PROTOCOL)
- Vorbereitung am KC wie im Beispiel 1
- Ausgabe der Daten vom KC mit PRINT#3
- Abspeichern der Daten auf Diskette

Beispiel 3

Daten aus einer ASCII-Datei des PC werden zu einem BASIC-Programm in den KC übertragen
- Vorbereitung KC und PC wie im Beispiel 1
- Eingabe im BASIC-Programm durch INPUT#3 A$: PRINT#3 "Y";
- Einstellen der Protokollart C (CHARACTER WAIT) am PC
- Eingabe des Quittungszeichens 'Y' startet die Übertragung

Modul M011: 64-KByte-RAM

Speichererweiterung für KC 85/2 und /3

Klaus-Dieter Kirves, Bernd Schenk,
Karsten Schiwon
VEB Mikroelektronik „Wilhelm Pieck"
Mühlhausen

Technische Beschreibung

Der Modul M011 ist durch folgende Funktionsbaugruppen charakterisiert:
- 64-KByte-RAM-Speicherblock mit Ansteuerung
- Modulprioritätssteuerung
- Modulsteuerung zur Zwischenspeicherung und Steuerung der Betriebsarten
- Modulkennung

Speicheradressierung und Blockstruktur

Der 64-KByte-Speicher des Moduls ist in 4 Blöcke zu je 16 KByte unterteilt. Die 4 Blöcke bilden stets einen zusammenhängenden Speicherbereich von 0000H bis FFFFH, die in den verfügbaren Adreßraum des KC-Systems eingeordnet werden. Im Bild 1 ist die Speicheraufteilung des KC 85/3 mit 64-KByte-RAM-Modul dargestellt.

Modulprioritätssteuerung

Alle Module des Kleincomputers verfügen über eine Modulprioritätssteuerung. Die Module sind deshalb in einer Kette aneinandergereiht, die durch die Signale MEI und MEO gebildet wird. Damit ist es möglich, alle aktiv geschal-

Bild 1 Speicheraufteilung Modul M011 im KC 85/3

1. Block M011		3. Block M011	4. Block M011	
Arbeits-RAM 16 K	2. Block M011	BWS 16 K	BASIC-Interpreter 8 K	Betriebssystem 8 K
0000 3FFF	4000 7FFF	8000 BFFF	C000 DFFF	E000 FFFF

Bild 2 Zuordnung der vier 16-K-Blöcke des M011 im absoluten Speicherraum des KC 85/3 in Abhängigkeit vom Steuerbyte

Steuerbyte				
CX	Block 4	Block 3	Block 2	Block 1
8X	Block 3	Block 4	Block 1	Block 2
4X	Block 2	Block 1	Block 4	Block 3
0X	Block 1	Block 2	Block 3	Block 4
	0000 3FFF	4000 7FFF	8000 BFFF	C000 FFFF

X – zweite Stelle des Steuerbytes kk für die Definition der Betriebszustände

teten gleichartigen Module in ihrer Priorität so zu steuern, daß nur der jeweils höchstpriorisierte Modul für den Prozessor verfügbar ist. Alle anderen aktiven Module bleiben für den Prozessorzugriff gesperrt.
Aus dem Bild 1 läßt sich ablesen, daß der Speicher des Moduls M011 parallel zum Grundgerätespeicher angeordnet ist, sich also in der nächsten Prioritätsebene befindet. Lediglich in die Speicherbereiche, die durch die Grundgeräte nicht belegt werden (beim KC 85/2 und KC 85/3 der Bereich von 4000H bis 7FFFH sowie beim KC 85/2 zusätzlich die Bereiche von C000H bis DFFFH, E800H bis EFFFH und F800H bis FFFFH), ordnen sich die entsprechenden Speicherkapazitäten des M011-Moduls so ein, daß sich diese Blöcke in der höchsten Prioritätsebene befinden. Alle anderen Speicherblöcke des M011-Moduls sind durch die Prioritätskette gesperrt. Für den Prozessor sind diese Blöcke nicht unmittelbar zu erreichen.
In der Grundkonfiguration des KC-85-Systems ist der Adreßbereich von 4000H bis 7FFFH der einzige, welcher zusammenhängend einen nichtbelegten Adreßumfang von 16 KByte besitzt. Um dies auszunutzen, kann durch ein entsprechendes Steuerbyte jeweils ein Block des M011-Moduls in diesen Adreßraum eingeordnet werden. Die drei anderen Blöcke werden dabei auf neue Adreßbereiche umorientiert. In Bild 2 sind die Blockzuordnungen bzgl. des absoluten Adreßbereiches des Prozessors in Abhängigkeit vom Steuerbyte dargestellt.
Es ist zu erkennen, daß durch Variation des Steuerbytes die einzelnen Blöcke des M011-Moduls für den Prozessor im Adreßbereich von 4000H bis 7FFFH verfügbar gemacht werden können. Darüber hinaus können durch Inaktivieren der Grundgerätespeicher weitere Blöcke des M011-Moduls in die Hauptspeicherebene des KC-Systems verlagert werden.

Modulsteuerung

Der Modul ist mit dem Befehl **SWITCH mm kk** zuzuweisen. Die Parameter mm (Modulsteckplatzadresse) und kk (Steuerbyte) sind zweistellige hexadezimale Zahlen, die aus je 8 Bit bestehen. Diese Zuweisung kann auch über das entsprechende Unterprogramm des Betriebssystems ausgeführt werden.
Der Modul übergibt bei der Abarbeitung des **SWITCH**-Befehls das Strukturbyte.
Die Betriebsarten werden programmtechnisch in der Modulsteuerung zwischengespeichert. Es können folgende Betriebsarten eingestellt werden:
– Modul aktiv bzw. inaktiv (Der Prozessor kann auf den aktiven Modul zugreifen, sofern es die Priorität ermöglicht, bzw. der Modul ist im inaktiven Zustand vom Prozessor getrennt).
– Schreibschutz (Der gesamte 64-KByte-Speicher ist schreibgeschützt und kann durch den Prozessor nur gelesen werden.)
– Blockzuweisung (Der 64-K-Speicher kann in 4 Blöcke zu je 16 K selektiert werden. Durch entsprechende Steuerbytes können die vier 16-K-Blöcke gemeinsam und gezielt in den absoluten Adreßbereich des Prozessors eingeordnet werden.)

Modulkennung

Jeder Modul erhält eine für ihn charakteristische Modulkennung, das Strukturbyte. Dieses Strukturbyte widerspiegelt den Modultyp bzw. die innere Struktur des Moduls im KC-System. Das Strukturbyte kann durch den Prozessor auch im inaktiven Zustand des Moduls gelesen werden. Dadurch kann sich der Nutzer jederzeit in einem ausgebauten System einen Überblick über die verfügbaren Module verschaffen und in Abhängigkeit davon seine Entscheidung treffen. Der 64-KByte-RAM-Modul besitzt das Strukturbyte F6H.
Nach Betätigen der RESET-Taste am KC bleibt das zugewiesene Steuerbyte im Modul erhalten, so daß eine Neuzuweisung nicht erforderlich ist.

Hinweise zur Systemkonfiguration

In den vorangegangenen Abschnitten wurden die Funktionsweise und die Modulzuweisung beschrieben. Daraus geht hervor, daß mit dem M011-Modul zwar eine nominale Vergrößerung der Speicherkapazität um 64 KByte RAM erfolgt, aber durch die Modulprioritätskette des Systems nur ein Teil der Modulspeicherkapazität direkt verfügbar ist. Durch gezielte Änderung des Modulsteuerbytes können neue Abschnitte des Modulspeichers in die Hauptspeicherebene des Systems verlagert werden.
Da der M011-Modul über einen zusammenhängenden Speicher von 0000H bis FFFFH verfügt, werden bei Zugriff des Prozessors auf den aktiven Modul alle nachfolgend aktiv geschalteten Speichermodule durch die Prioritätskette gesperrt. Ein niederpriorisierter ROM-Modul kann deshalb nie durch den Prozessor erreicht werden, wenn der M011-Modul auf einem höherpriorisierten Steckplatz aktiviert wurde.

BASIC-Interpreter und Modul M011

Durch den BASIC-Interpreter des Moduls M006 und des KC 85/3 kann ein maximaler Adreßraum von etwa 48 KByte für BASIC-Programme verwaltet werden. Um über diese Speicherkapazität verfügen zu können, sind zum Grundgerätespeicher zusätzlich 2 Module M022 EXPANDER RAM (16-KByte-RAM-Erweiterungsmodul) notwendig. Durch den Modul M011 kann diese Speicherkapazität für den Interpreter auch erreicht werden, wobei nur ein Modulsteckplatz belegt wird. Für den KC 85/3 kann das im Beispiel zusammengestellte System zur Anschauung dienen. Der BASIC-Interpreter benutzt zur Ablage der BASIC-Programme und Daten den Arbeitsspeicher des Grundgerätes und 2 Blöcke des M011-Moduls. Ein M011-Block liegt in der Hauptspeicherebene ab Adresse 4000H und der zweite Block ist parallel zum Bildwiederholspeicher angeordnet. Für den BASIC-Interpreter ist der Bildwiederholspeicher stets im inaktiven Zustand, so daß damit ein zusammenhängender Speicherbereich von 48 KByte zur Verfügung steht. Die Steuerung des Bildwiederholspeichers übernimmt eine spezielle Schnittstelle zum Betriebssystem CAOS.

Auslastung der 64 KByte Speicherkapazität

Für Maschinenprogramme besteht die Möglichkeit, diese Speicherkapazität auszunutzen. Dazu können die vier 16-K-Blöcke einzeln ab Adresse 4000H geladen werden.
Durch Variation der Steuerbytes können nun die jeweiligen 16-K-Softwarepakete aufgerufen und abgearbeitet werden.

Nutzung einer Zeichenkettenvariablen zur gleichzeitigen Abspeicherung verschiedener Werte

Die maximale Anzahl von Speichervariablen ist bei REDABAS/dBASE II mit 64 festgelegt. Dies führt manchmal zu Schwierigkeiten, wenn man innerhalb von Programmen mehr als 64 Variablen für die Zwischenspeicherung von Werten benötigt. Eine Ausweichmöglichkeit besteht natürlich im Anlegen einer speziellen Hilfsdatei. Die Nutzung einer solchen Hilfsdatei ist jedoch nicht besonders elegant und auch nicht immer möglich. Wie man mehrere Werte gleichzeitig in einer einzigen Variablen zwischenspeichert, wird mit dem Listing des kleinen Demonstrationsprogrammes aufgezeigt. Das weitgehend selbstdokumentierende Programm zählt Personen, deren Anzahl in der Datei DEMODAT (ANZAHL) mit dem jeweiligen Alter (N) abgespeichert ist.

Die dargestellte Realisierung würde die Anzahl von Personen je Jahrgang auf 99 beschränken. Dabei werden die Altersstufen 1 bis 99 berücksichtigt.

Eine generelle Beschränkung dieser Verfahrensweise ist mit der maximalen Länge von Zeichenkettenvariablen (254) bei REDABAS/dBASE II gegeben. Dabei darf das Produkt aus Anzahl und Länge der Werte nicht größer sein als die maximale Zeichenkettenlänge.

Das dargestellte kleine Demonstrationsprogramm zeigt nur eine Variante von vielen möglichen Variationen.

Gert Svenson

```
A:DEMO     .CMD                                    Bild 1

*DEMO
SET TALK OFF
*AUFBAU DER VARIABLEN MSUMM
STORE 1 TO MX
STORE "00000000000000000000000" TO MSUMM
DO WHILE MX<8
STORE MSUMM+"0000000000000000000000000" TO MSUMM
STORE MX+1 TO MX
ENDDO
USE DEMODAT
DO WHILE .NOT. EOF
*SEQUENTIELLES ZAEHLEN
IF ANZAHL>0
STORE VAL(¤(MSUMM,1+(N-1)*2,2))+ANZAHL TO MY
*EINSCHREIBEN AN ENTSPRECHENDE STELLE DER VARIABLEN MSUMM
*IN ABHAENGIGKEIT VON N
IF N=1
STORE STR(MY,2)+¤(MSUMM,3,196) TO MSUMM
ELSE
IF N=99
STORE ¤(MSUMM,1,196)+STR(MY,2) TO MSUMM
ELSE
STORE ¤(MSUMM,1,(N-1)*2)+STR(MY,2)+¤(MSUMM,N*2+1,198-N*2);
 TO MSUMM
ENDIF
ENDIF
ENDIF
SKIP
ENDDO
USE
SET PRINT ON
? "***ALTERSSTRUKTUR***"
STORE 1 TO MN
DO WHILE MN<100
*SCHRITTWEISES AUSLESEN AUS DER VARIABLEN MSUMM
STORE ¤(MSUMM,1+(MN-1)*2,2) TO MY
IF VAL(MY)>0
? "ALTER "+STR(MN,2)+": "+MY+" PERSON(EN)"
ENDIF
STORE MN+1 TO MN
ENDDO
SET PRINT OFF
SET TALK ON
RETURN
```

Bild 1 Programmlisting DEMO

```
STRUCTURE FOR FILE:   A:DEMODAT .DBF
NUMBER OF RECORDS:    00013
DATE OF LAST UPDATE:  00/00/00
PRIMARY USE DATABASE
FLD       NAME        TYPE  WIDTH    DEC
001       N           N      002
002       ANZAHL      N      002
** TOTAL **                 00005
```

Bild 2 Struktur der Datei DEMODAT

```
   DISP ALL
00001    99   23
00002    80    2
00003    12   50
00004     1   45
00005     2   30
00006     1   10
00007    99    2
00008    50   50
00009    12   24
00010    35   10
00011    33    5
00012    32    1
00013    50    5
```

Bild 3 Inhalt der Datei DEMODAT

```
***ALTERSSTRUKTUR***
ALTER  1: 55 PERSON(EN)
ALTER  2: 30 PERSON(EN)
ALTER 12: 74 PERSON(EN)
ALTER 32:  1 PERSON(EN)
ALTER 33:  5 PERSON(EN)
ALTER 35: 10 PERSON(EN)
ALTER 50: 55 PERSON(EN)
ALTER 80:  2 PERSON(EN)
ALTER 99: 25 PERSON(EN)
```

Bild 4 Ergebnisausdruck Programm DEMO

Speicherplatz sparen

Häufig sind bei bestimmten Anwendungen größere Datenlisten abzuspeichern, und wenn dies auf der Grundlage von BASIC-Feldern erfolgt, kann es bei einem KC sehr schnell recht eng werden. Handelt es sich darüber hinaus um Integerzahlen (z. B. Bildschirmkoordinaten, reale Koordinaten von Flächen oder Körpern in Graphikprogrammen), dann ist die Verwendung von BASIC-Feldern reine Speicherplatzverschwendung.

Manche Interpreter bieten für diesen Fall die Möglichkeit der Definition von Integervariablen; beim KC 85/2 (3) gibt es das leider nicht.

Unter der Voraussetzung, daß alle Daten innerhalb eines bestimmten Intervalls liegen (z. B. $0 \leqq x \leqq 255$, Bildschirmkoordinaten für ein entsprechendes Fenster), kann man durch interne Kodierung 50 Prozent und mehr an Speicherplatz einsparen.

Grundprinzip:

Vom BASIC-Speicher wird am oberen Ende ein hinreichend großer Block abgetrennt. Beginnend mit der Anfangsadresse AA wird die Liste im Stapelverfahren mit aufsteigenden Adressen abgelegt. Die Nummer eines Listenelements wird als Zeiger benutzt.

Beispiele

① Integerzahlen z ($0 \leqq z \leqq 255$)
Ablage: POKE AA+NR,Z
Zugriff: Z=PEEK (AA+NR)

② Integerzahlen z ($-32768 \leqq z \leqq +32767$)

In diesem Fall werden die Daten intern als HEX-Zahlen (2 Byte) abgelegt. Die Konvertierung und Rekonvertierung besorgt der Interpreter automatisch. Im Gegensatz zu POKE werden bei DOKE und DEEK negative Argumente akzeptiert und richtig interpretiert.
Ablage: DOKE AA+2*NR,Z
Zugriff: Z=DEEK (AA+2*NR)

③ Eine weitere Möglichkeit der internen Kodierung ist die Verschlüsselung der Daten als Zahlen zur Basis 100. Nennen wir sie „HEKTO-Zahlen". Als Kodes für die „HEKTO-Ziffern" 0 bis 99 kann man z. B. die für Steuer- und Sonderzeichen im KC 85/3 verwendeten Kodezahlen von 91 bis 190 definieren. Im PRINT wären diese Zahlen kaum lesbar; das ist aber unwichtig, da Kodierung und Dekodierung nur programmintern erfolgen.

Ablage:
Z1=INT(Z/100):Z2=(Z/100-Z1)*100
Z1=Z1+91:Z2=Z2+91
POKE AA+2*NR,Z1:POKE AA+2*NR+1,Z2
Zugriff:
Z1=PEEK (AA+2*NR):Z2=PEEK (AA+2*NR+1)
Z=100*(Z1-91)+Z2-91

Mit diesem Beispiel können Daten aus dem Intervall $0 \leqq Z \leqq 9999$ kodiert werden.
Wer sich die „HEKTO-Zahlen" ansehen möchte, der kann bei der Kodierung ergänzen:
Z$=CHR$(Z1)+CHR$(Z2):?Z$

HEKTO-Zahlen bieten im angegebenen Intervall gegenüber der HEX-Verschlüsselung sicher keine Vorteile, sie könnten aber bei sehr großen Zahlen oder in Listenverarbeitungsprogrammen interessant werden.
Die im abgetrennten Speicherbereich abgelegten Listen können als Files mittels CAOS SAVE gerettet und über CAOS LOAD (bzw. BLOAD) wieder geladen werden. Durch Angabe eines Offset-Parameters bei CAOS LOAD kann der File auf einen anderen Block geladen werden; gibt man den Parameter im Zweierkomplement an, erfolgt das Laden auf eine niedrigere Adresse als die des Quellblocks.
Die angeführten Beispiele sind als Denkanstoß gedacht, wenn es darum geht, bei einem bestimmten Programm eine hinsichtlich der Speicherökonomie vorteilhafte Datenstruktur bzw. Speicherstruktur festzulegen.

H. Bamberger

Leistungsbilanz der Stromversorgungsbaugruppe von KC 85/1

Das Netzteil der robotron-Kleincomputer ist für die Bereitstellung folgender Versorgungsspannungen und Lastströme ausgelegt:

+5 V ± 2,5 % 3,5 A
+12 V ± 10 % 450 mA
−5 V ± 10 % 100 mA
−12 V ± 10 % 150 mA

Tafel 1

Gerät bzw. Ergänzung	+5 V	+12 V	−5 V	−12 V
KC 85/1 Grundgerät	2,0 A	140 mA	120 mA	110 mA
KC 87 Grundgerät	2,0 A	80 mA	45 mA	60 mA
BASIC-Modul	0,3 A	–	–	–
RAM-Modul	0,25 A	50 mA	2 mA	–
Farb-Modul	0,5 A	–	–	–
Drucker-Modul	0,33 A	15 mA	–	15 mA
E/A-Modul	0,07 A	–	–	–
ADU-Modul	0,12 A	30 mA	–	10 mA
Programmier-Modul	0,18 A	120 mA	–	70 mA
Spracheingabe-Modul	0,11 A	20 mA	5 mA	–

Die Gesamtbelastung darf 25 W nicht überschreiten, d. h., wenn z. B. die +12 V-Ausgangsspannung nur mit 225 mA (2,7 W) belastet ist, kann die Belastung von +5 V noch bis maximal 4 A gesteigert werden.
Für den Computer (Grundgerät) und Erweiterungsmodule wurden dabei die in Tafel 1 angegebenen typischen Werte der Lastströme ermittelt.
Die Differenz zwischen den maximal zulässigen Lastströmen und den entsprechend der betriebenen Konfiguration tatsächlich entnommenen Lastströme darf am Modulsteckverbinder bzw. am Anwendersteckverbinder an den entsprechenden Kontakten (s. Bedienungsanleitung) entnommen werden.

Dr. G. Kleinmichel

Farbbildausgabe von KC 85/1 und KC 87

Die Farbbildausgabe erfolgt bei robotron-Kleincomputern im Interesse einer optimalen Bildqualität ausschließlich über Farbfernsehgeräte mit RGB-Ansteuerung. Dieser Steuereingang kann bei Farbfernsehgeräten des Fernsehgerätewerkes „Friedrich Engels" Staßfurt (ab Serie 4000) bzw. bei allen robotron-Kofferfarbfernsehgeräten nachgerüstet werden. Dabei wird durch eine Vertragswerkstatt des VEB Industrievertrieb Rundfunk und Fernsehen der *Ergänzungssatz Farbe 690 016.4,* der über das Kleincomputer-Vertriebsnetz erhältlich ist, in die geeigneten Fernseher eingebaut. Dieser Einbau erfolgt ohne Garantieverluste oder Konsequenzen auf die Fernsehempfangsqualität. In jedem Bezirk sind mindestens 2 Werkstätten für den Einbau der Ergänzungssätze geschult und autorisiert.
Computerseitig sind alle Geräte mit den Typenbezeichnungen KC 85/1.11 oder KC 87.11 für Farbwiedergabe eingerichtet. Computer mit der Typenbezeichnung KC 85/1.10 bzw. KC 87.10 müssen durch Einbau eines *Farbmoduls 690 005.1* farbtüchtig gemacht werden. Dieser Einbau wird in den Computer-Service-Werkstätten vorgenommen.
Achtung! Erfolgt die Bildausgabe eines farbtüchtigen Computers über den Antennenanschluß auf ein Schwarzweiß-Fernsehgerät, so ist zunächst keine Kursordarstellung auf dem Bildschirm vorhanden. Im Anlaufprogramm wird nämlich mit dem Erkennen des Vorhandenseins des Farbattributspeichers bei farbtüchtigen Computern in einem 64-Bit-Speicher-Register ein entsprechendes Kennbit gesetzt (Adresse EFC8H, Bit 5). Daraufhin erfolgt die Kursormarkierung durch Setzen des Blinkbits im Farbattributspeicher (siehe Programmierhandbuch S. 112) für die aktuelle Kur-

sorposition. Die Generierung des s/w-Kursors am Antennenausgang wird unterdrückt. Erst durch Rücksetzen des entsprechenden Kennbits, z. B. BASIC-Befehl POKE – 4152,16 (Adresse – 4152 entspricht in der BASIC-Notierung der Adresse EFC8H und der Zelleninhalt 16 (oder binär 0001 0000) kennzeichnet die Speicherbereiche E000H – EBFFH und F000H – FFFFH als ROM-Bereiche und nur den Bildwiederholspeicher EC00H – EFFFH als RAM-Bereich) wird aus dem Farbgerät scheinbar wieder eine s/w-Konfiguration und der Kursor erscheint wieder auf dem s/w-Bildschirm (siehe auch entsprechenden Hinweis, z. B. auf S. 18 des Anhangs zum Programmierhandbuch).

Dr. G. Kleinmichel

MBASIC-Programm für den quasigrafischen Zeichengeneratorentwurf

Arnd Kempe
Amt für Standardisierung, Meßwesen und Warenprüfung Berlin

Üblicherweise beziehen sich Zeichengeneratoren auf die Rastermaße 8×8 (Homecomputer) oder 8×16 (Bürocomputer, PC 1715). Die sie enthaltenden EPROMs zählen meist zur Firmware. Änderungen nimmt man wegen nicht vorhandener Editierhilfen kaum vor. Was aber, wenn für Fachtexte griechische Buchstaben benötigt werden? Oder man die fehlenden Umlaute in den Zeichensatz aufnehmen will? Oder wenn man ganz spezielle Symbole verwenden möchte (die nicht jedesmal neu definiert werden sollen)? Mit dem MBASIC-Programm SIGNGEN wird für all diese Fälle ein Werkzeug zur Verfügung gestellt (Voraussetzung: Betriebssystem CP/M).

In Stichpunkten:

– Das Programm ist auf unterschiedliche Hardwarebedingungen hinsichtlich der Videoansteuerung vorbereitet (z. B. Anzeige von weniger als 8 Spalten, um die Bildschirmkapazität zu vergrößern, freibleibende Cursorzeilen, ...).
– Das Entwerfen alphanumerischer Zeichen wird durch eine spezielle Maske unterstützt.
– Ein bereits als Hexfile vorhandener Zeichensatz (vorgegebener Name der Diskettendatei: SIGN.OLD) kann zum Vergleich in einer zweiten Maske angezeigt und in der Editiermaske verändert werden. Das ist besonders von Vorteil, wenn man nur kleine Änderungen vornehmen will.
– Mit dem P-Kommando ist eine komfortable Dokumentation des Generators ausdruckbar.
– Beim Verlassen des Programms wird der Hexcode unter SIGN.NEU auf Diskette abgelegt.

Informationen zu den einzelnen Funktionen sind in den Zeilen 100–150 des Listings nachlesbar. Genauer ansehen sollte man sich auch Zeile 200: Hier wird die spezielle Tastatur angepaßt. Wer mit der robotron K7636 arbeitet, läßt die Zeile unverändert. Anderenfalls müssen die Codes der Cursortasten und des DELETE-Keys mit einem kurzen Programm ermittelt werden:

10 PRINT ASC(INPUT$(1)):GOTO 10

Bis zum Bedienen von CONTROL C

1a

```
100 'Programm SIGNGEN zum quasigrafischen Editieren von Zeichengeneratoren
    Wahlweise 1 x 1k- EPROM mit 128  8x8- Zeichen
              2 x 1k- EPROM mit 128 16x8- Zeichen
              1 x 2k- EPROM mit 128 16x8- Zeichen
110 'Das Programm akzeptiert folgende Eingaben:
    Im Editiermodus:   "*" bzw. " "
                       Die Cursortasten          ^
                                                 |
                                          <--         -->
                                                 |
                                                 v
                       fuer die Bewegung in der Eingabemaske
120 '                  DEL loescht die Eingabemaske
    Im Kommandomode:   N      Editieren des nachfolgenden ASCII-
                              Zeichens
                       S      Sprung zu bel. ASCII- Code
                       A      Maske fuer alphanum. Symbole
                       G      Maske fuer Grafiksymbole
                       C      Druck des gerade editierten Zeichens
130 '                  P      Druck des gesamten neuen Zeichensatzes
                       E      Exit zum CP/M
140 'Standardbezeichnungen fuer die Zeichengeneratordateien (Hexcode)
    sind:
    SIGN.OLD           zu aendernder Zeichensatz (falls nicht vorhanden,
                       bleibt die Vergleichsmaske leer)
    SIGN.NEW           neuerstellter Zeichensatz
                       Vorbelegt: SIGN.NEW=SIGN.OLD
150 'Aufruf: [LW1:]basi [LW2:]signgen
170 '*****************************************************************
180 'Definition der Bildschirm- Steuercodes fuer CP/M
190 CLRS$=CHR$(12):CLRL$=CHR$(24):
      LEFT.$=CHR$(8):RIGHT.$=CHR$(21):
      DOWN$=CHR$(10):UP$=CHR$(26)
195 'Anpassung der speziellen Tastatur (B.B. aendern!)
    Nachfolgend fuer ROBOTRON K7636
200 LEFT.KEY$=CHR$(8):RIGHT.KEY$=CHR$(21):
    DOWN.KEY$=CHR$(5):UP.KEY$=CHR$(4):
    DEL.KEY$=CHR$(127)
205 'Definition der Funktionen
210 DEF FNCURS.POS$(X,Y)=CHR$(27)+CHR$(127+X)+CHR$(127+Y):
    DEF FNSET(BYTE,BIT)=BYTE OR 2^BIT:
    DEF FNLOOK(BYTE,BIT)=(BYTE AND 2^BIT)<>0:
    DEF FNINSERT$(OLD$,BYTE$,POSITION)=LEFT$(OLD$,POSITION-1)+BYTE$
                                 +RIGHT$(OLD$,LEN(OLD$)-POSITION)
220 '
250 'Eingangsdialog und Definitionen
260 PRINT CLRS$;
    TAB(14);"*** RASTERDEFINITIONEN FUER ZEICHENGENERATOR ***":
    PRINT:PRINT"I.  Eingabe globales Raster: 8*8 (1) oder 8*16 (2) ";
270 SIZE$=INPUT$(1):IF SIZE$<>"1" AND SIZE$<>"2" THEN 270
      ELSE PRINT SIZE$:SIZE%=VAL(SIZE$)*8
275 DIM SIGN.OLD$(SIZE%),SIGN.NEW$(SIZE%)
280 PRINT:
    PRINT"II. Angabe spezielles Raster fuer alphanumerische Symbole"
290 PRINT "    Anzahl freier Spalten am linken Rand:   ";:
      I$=INPUT$(1):IF I$<"0" OR I$>"2" THEN PRINT CLRL$;:GOTO 290
                                      ELSE PRINT I$:LINKS.ALPHA%=VAL(I$)
300 PRINT "    Anzahl freier Spalten am rechten Rand:  ";:
      I$=INPUT$(1):IF I$<"0" OR I$>"2" THEN PRINT CLRL$;:GOTO 300
                                      ELSE PRINT I$:RECHTS.ALPHA%=VAL(I$)
305 PRINT "    Anzahl der unten freibleibenden Zeilen: ";:
      I$=INPUT$(1):IF I$<"0" OR I$>"5" THEN PRINT CLRL$;:GOTO 305
                                      ELSE PRINT I$:UNTEN.ALPHA%=VAL(I$)
310 PRINT:
    PRINT"III.Angabe nicht programmierbarer Spalten/Zeilen fuer Grafikzeichen"
```

1b

```
320 PRINT "    Anzahl derartiger Spalten: ";:
      I$=INPUT$(1):IF I$<"0" OR I$>"3" THEN PRINT CLRL$;:GOTO 320
                                      ELSE PRINT I$:GRAFIK.SPALTEN%=VAL(I$)
330 PRINT "    Anzahl derartiger Zeilen:  ";:
      I$=INPUT$(1):IF I$<"0" OR I$>"5" THEN PRINT CLRL$;:GOTO 330
                                      ELSE PRINT I$:GRAFIK.ZEILEN%=VAL(I$)
340 '
350 '*** Schirm zeichnen
360 PRINT CLRS$;
    TAB(22);"*** CREATING A NEW CHARACTER SET ***":
    PRINT TAB(20);"OLD SIGN";TAB(53);"NEW SIGN":
      IF SIZE%=16 THEN 370 ELSE PRINT:PRINT:PRINT:PRINT
370 LINIE$="+--------+":
    PRINT TAB(19);LINIE$;TAB(52);LINIE$:
      FOR I%=1 TO SIZE%:
              PRINT TAB(19);"|";TAB(28);"|";TAB(52);"|";TAB(61);"|":
      NEXT:
    PRINT TAB(19);LINIE$;TAB(52);LINIE$
380 IF SIZE%=8 THEN PRINT:PRINT:PRINT:PRINT
390 PRINT STRING$(79,"="):
    PRINT"(N)ext  (S)kip  (A)lphanumeric  (G)rafik  (C)opy  (P)rint  (E)xit"
400 PRINT FNCURS.POS$(9,33);"Actual Ascii";
    FNCURS.POS$(11,33);"Chr:  ' '";
    FNCURS.POS$(12,33);"Dec:";
    FNCURS.POS$(13,33);"Hex:";
500 '
510 '*** Einlesen SIGN.OLD, falls vorhanden
520 ON ERROR GOTO 2000:OLD.EXIST%=1:OPEN "I",#1,"SIGN.OLD":
    CLOSE:ON ERROR GOTO 0
530 OPEN "R",#1,"SIGN.OLD",128:FIELD 1,128 AS A$
540 FOR I%=1 TO SIZE%:
      GET 1,I%:SIGN.OLD$(I%)=A$:
    NEXT:
    CLOSE
550 ON ERROR GOTO 0
555 '
560 '*** Kommandobereitschaft herstellen
570 IF OLD.EXIST% THEN
      FOR I%=1 TO SIZE%:
              SIGN.NEW$(I%)=SIGN.OLD$(I%):
      NEXT:
                ELSE
      FOR I%=1 TO SIZE%:
              SIGN.NEW$(I%)=STRING$(128,CHR$(0)):
      NEXT
580 CODE%=0:GRAFIK%=0:OBEN%=11-(SIZE%-2)/2:GOSUB 1300
                                                 'Zeichnen Grafikgrenzen
600 '
610 '*** Hauptschleife - Herstellen Belegung fuer aktuellen CODE%
625 K%=INT(CODE%/16)+1:PLACE%=(CODE%-16*INT(CODE%/16))*8
                                                 'Ermitteln Feldelement
                                                  SIGN.OLD$(K%) + Position
630 FOR I%=0 TO SIZE%-1:OFFSET%=INT(I%/8)*8:PLATZ%=PLACE%+I%+1:
      FOR J%=0 TO 7:ADR%=&HF800+(OBEN%-1+I%)*80+19+J%:
              IF OLD.EXIST% THEN
              IF FNLOOK(ASC(MID$(SIGN.OLD$(OFFSET%+K%),PLATZ%,1)),7-J%)
                     THEN POKE ADR%,42
                     ELSE POKE ADR%,32
635           IF FNLOOK(ASC(MID$(SIGN.NEW$(OFFSET%+K%),PLATZ%,1)),7-J%)
                     THEN POKE ADR%+33,42
640   NEXT J%:
    NEXT I%
654 PRINT FNCURS.POS$(11,40);:IF CODE%>32 AND CODE%<127
      THEN PRINT CHR$(CODE%)
      ELSE PRINT " "
657 PRINT FNCURS.POS$(12,39);USING "###";CODE%:
```

```
    PRINT FNCURS.POS$(13,40);:IF CODE%<16 THEN PRINT " ";
660 PRINT USING"\\";HEX$(CODE%)
670 PRINT FNCURS.POS$(24,1);"COMMAND> ";
    FNCURS.POS$(OBEN%,LINKS%);:VERTIKAL%=OBEN%:HORIZONTAL%=LINKS%
700 '
710 '### Kommandostrickleiter
720 I$="":I$=INPUT$(1)
730 'Cursorbewegungen und Zeichnen
740 IF I$=LEFT.KEY$ THEN
        IF HORIZONTAL%-1<LINKS% THEN 720
                                ELSE PRINT LEFT.$;:HORIZONTAL%=HORIZONTAL%-1:
                                        GOTO 720
750 IF I$=RIGHT.KEY$ THEN
        IF HORIZONTAL%+1>RECHTS% THEN 720
                                ELSE PRINT RIGHT.$;:HORIZONTAL%=HORIZONTAL%+1:
                                        GOTO 720
760 IF I$=UP.KEY$ THEN
        IF VERTIKAL%-1<OBEN% THEN 720
                             ELSE PRINT UP$;:VERTIKAL%=VERTIKAL%-1:GOTO 720
770 IF I$=DOWN.KEY$ THEN
        IF VERTIKAL%+1>UNTEN% THEN 720
                             ELSE PRINT DOWN$;:VERTIKAL%=VERTIKAL%+1:GOTO 720
780 IF I$<>" " THEN 790 ELSE PRINT" ";:GOSUB 1000:GOTO 720
790 IF I$<>"*" THEN 800 ELSE PRINT"*";:GOSUB 1000:GOTO 720
800 IF I$="N" THEN GOSUB 1100:GOSUB 1200:GOSUB 1400:CODE%=CODE%+1:GOTO 600
810 IF I$<>"S" THEN 820
812     GOSUB 1100:GOSUB 1200:GOSUB 1400
814     PRINT FNCURS.POS$(24,20);"Code(Dezimal): ";:
        INPUT;"",CODE%:IF CODE%<0 OR CODE%>127 THEN 814 ELSE PRINT CLRL$;:GOTO 600
820 IF I$<>"A" THEN 830 ELSE GOSUB 1100
822     'loeschen Grafikmaske, zeichnen Alphamaske
824     IF GRAFIK%=0 THEN 670 ELSE GRAFIK%=0
826     IF GRAFIK.SPALTEN%<LINKS.ALPHA% AND GRAFIK.SPALTEN%>0 THEN
                FOR I%=OBEN% TO OBEN%+SIZE%-1-GRAFIK.ZEILEN%:
                        PRINT FNCURS.POS$(I%,52+GRAFIK.SPALTEN%);" ";:
                NEXT
827     IF GRAFIK.ZEILEN%<UNTEN.ALPHA% AND GRAFIK.ZEILEN%>0
                THEN PRINT FNCURS.POS$(I%,53);STRING$(8," ")
828     LINKS%=53+LINKS.ALPHA%:RECHTS%=60-RECHTS.ALPHA%:
        UNTEN%=OBEN%+SIZE%-1-UNTEN.ALPHA%
829     FOR I%=OBEN% TO UNTEN%:
                PRINT FNCURS.POS$(I%,LINKS%-1);"|";
                FNCURS.POS$(I%,RECHTS%+1);"|":
        NEXT:
        PRINT FNCURS.POS$(I%,53);STRING$(8,"┬"):
        GOTO 670
830 IF I$="G" THEN GOSUB 1100:GOSUB 1300:GRAFIK%=1:GOTO 670
840 IF I$<>"C" THEN 850 ELSE GOSUB 1100
842     LPRINT:LPRINT:
        FOR I%=0 TO SIZE%+1:
                FOR J%=51 TO 60:
                        LPRINT CHR$(PEEK(&HF800+(OBEN%-2+I%)*80+J%));:
                NEXT J%:
                LPRINT:
        NEXT I%
844     LPRINT " ASC=";USING "###";CODE%;:LPRINT "D":
        LPRINT "    =";USING "###";VAL(HEX$(CODE%));:LPRINT "H"
846     IF CODE%>32 AND CODE%<127 THEN LPRINT "Chr   =  ";CHR$(CODE%)
848     GOTO 670
850 IF I$<>"P" THEN 950 ELSE GOSUB 1100:LPRINT:LPRINT
855     FOR I%=0 TO 15
857     P%=INT(I%/2)+1:R%=INT((I%+1)/2+1-P%)     'Feldelement in SIGN.NEW$
                                                  und Rest, da je 2 Makro-
                                                  zeilen in einem Stringelement
860     LPRINT "ASC:";:IF I%<4 THEN LPRINT:GOTO 870
865     FOR J%=0 TO 7:
```

1c

```
                IF I%*8+J%<127 THEN LPRINT TAB(J%*9+11);CHR$(I%*8+J%);
867     NEXT J%:LPRINT
870     LPRINT "HEX:";:
        FOR J%=0 TO 7:
                LPRINT TAB(J%*9+10);:IF I%*8+J%<16 THEN LPRINT " ";
872             LPRINT USING"\\";HEX$(I%*8+J%);:
        NEXT J%:LPRINT
875     LPRINT "DEC:";:
        FOR J%=0 TO 7:
                LPRINT TAB(J%*9+9);USING"###";I%*8+J%;:
        NEXT J%:LPRINT
880     LPRINT"      +";STRING$(71,"-");"+"
885     FOR J%=1 TO SIZE%:OFFSET%=8*INT((J%-1)/8)
                                                'Zeilen in Makrozeile
890     LPRINT"      |";:
                FOR L%=0 TO 7:PLATZ%=R%*64+L%*8+J%:
                FOR M%=0 TO 7:
                IF FNLOOK(ASC(MID$(SIGN.NEW$(OFFSET%+P%),PLATZ%,1)),7-M%)
                        THEN LPRINT "*";
                        ELSE LPRINT " ";
895             NEXT M%:LPRINT "|";:
                NEXT L%:LPRINT                  'l%: Kaesten pro Zeile
                                                 m%: Zeichen pro Kasten
900     NEXT J%
930     LPRINT "      +";STRING$(71,"-");"+":LPRINT
935     NEXT I%:GOTO 670
950 IF I$<>"E" THEN 970
955     GOSUB 1100:GOSUB 1200:GOSUB 1400
960     OPEN "R",#1,"SIGN.NEW",128:FIELD 1,128 AS A$:
        FOR I%=1 TO SIZE%:
                LSET A$=SIGN.NEW$(I%):
                PUT 1,I%:
        NEXT
965     CLOSE:PRINT CLRS$;:SYSTEM
970 IF I$<>DEL.KEY$ THEN 670                   'Ende Kommandostrickleiter
975     GOSUB 1400
980     'kill passendes Feldelement
982     BYTE$=CHR$(0):
        FOR I%=1 TO 8:
                SIGN.NEW$(K%)=FNINSERT$(SIGN.NEW$(K%),BYTE$,PLACE%+I%):
                IF SIZE%=16 THEN
                SIGN.NEW$(8+K%)=FNINSERT$(SIGN.NEW$(8+K%),BYTE$,PLACE%+I%)
984     NEXT
985 GOTO 670
997 '
998 '
999 '***************** UNTERPROGRAMME *****************
1000 HORIZONTAL%=HORIZONTAL%+1:
        IF VERTIKAL%/2=VERTIKAL%\2 THEN 1010 ELSE 1020
1010 IF HORIZONTAL%>RECHTS% AND UNTEN%>VERTIKAL%
        THEN PRINT LEFT.$+DOWN$;:
                VERTIKAL%=VERTIKAL%+1:HORIZONTAL%=HORIZONTAL%-1
        ELSE IF HORIZONTAL%>RECHTS% AND UNTEN%=VERTIKAL%
                THEN PRINT LEFT.$;:HORIZONTAL%=HORIZONTAL%-1
1015 RETURN
1020 IF HORIZONTAL%>LINKS%+1 THEN PRINT LEFT.$+LEFT.$;:
                                HORIZONTAL%=HORIZONTAL%-2
                              ELSE IF UNTEN%>VERTIKAL% THEN PRINT DOWN$+LEFT.$;:
                                VERTIKAL%=VERTIKAL%+1:
                                HORIZONTAL%=HORIZONTAL%-1
1030 RETURN
1090 '
1100 PRINT FNCURS.POS$(24,9);I$;:RETURN
1190 '
1200 'UP speichern NEW SIGN im passenden Feldelement
1210 FOR I%=0 TO 7:BYTE=0:WORD=0                'Zeilen
```

1d

Bilder 1a–e Listing des Programms SINGNEN

```
1220    FOR J%=0 TO 7:
                BIT%=PEEK(&HF800+(OBEN%-1+I%)*80+52+J%):
                IF CHR$(BIT%)="*" THEN BYTE=FNSET(BYTE,7-J%)
1230            IF SIZE%=16 THEN BIT%=PEEK(&HF800+(11+I%)*80+52+J%):
                        IF CHR$(BIT%)="*" THEN WORD=FNSET(WORD,7-J%)
1240    NEXT J%:
        BYTE$=CHR$(BYTE):
        SIGN.NEW$(K%)=FNINSERT$(SIGN.NEW$(K%),BYTE$,PLACE%+I%+1):
        IF SIZE%=16 THEN BYTE$=CHR$(WORD):
                SIGN.NEW$(8+K%)=FNINSERT$(SIGN.NEW$(8+K%),BYTE$,PLACE%+I%+1)
1250 NEXT I%:
     RETURN
1290 '
1300 'UP Setzen Grafikmaske. Zunaechst loeschen Alphamaske
1305 IF GRAFIK% THEN RETURN ELSE GRAFIK%=1
1310 FOR I%=OBEN% TO OBEN%+SIZE%-1-UNTEN.ALPHA%:
        IF LINKS.ALPHA%>GRAFIK.SPALTEN%
                THEN PRINT FNCURS.POS$(I%,52+LINKS.ALPHA%);" ";
1320    IF RECHTS.ALPHA%>0 THEN
                PRINT FNCURS.POS$(I%,61-RECHTS.ALPHA%);" ";
1330 NEXT:
     IF UNTEN.ALPHA%>GRAFIK.ZEILEN%
        THEN PRINT FNCURS.POS$(I%,53);STRING$(8," ")
1340 'Setzen Maskenvariable
1350 LINKS%=53+GRAFIK.SPALTEN%:RECHTS%=60:
     UNTEN%=OBEN%+SIZE%-1-GRAFIK.ZEILEN%
1370 FOR I%=OBEN% TO UNTEN%:
        PRINT FNCURS.POS$(I%,LINKS%-1);"|":
     NEXT:
     PRINT FNCURS.POS$(I%,53);STRING$(8,"-"):
     RETURN
1390 '
1400 'UP Loeschen NEW- Maske
1410 LANG%=RECHTS%-LINKS%+1
1420 FOR I%=0 TO UNTEN%-OBEN%:
        PRINT FNCURS.POS$(OBEN%+I%,LINKS%);STRING$(LANG%," "):
     NEXT:
     RETURN
1990 '
2000 'Errorroutine: SIGN.OLD nicht vorhanden
2010 OLD.EXIST%=0:CLOSE:RESUME 550

A>
```

1e

2

```
SIGNGEN beim Editieren

                  *** CREATING A NEW CHARACTER SET ***

              OLD SIGN                              NEW SIGN



             +--------+                            +--------+
             |   **   |                            |   **   |
             |   **   |        Actual Ascii        |   **   |
             |********|                            |  ****  |
             |  ****  |          Chr: ' '          | ****** |
             |  ****  |          Dec: 13           |* **** **|
             |  ****  |          Hex:  D           |* ****  |
             |   **   |                            |  *  *  |
             |   **   |                            |  *   *_ |
             +--------+                            +--------+



=======================================================================
(N)ext  (S)kip  (A)lphanumeric  (G)rafik  (C)opy  (P)rint  (E)xit

COMMAND>
```

Bild 2 SINGNEN beim Editieren

werden die Codes der betätigten Tasten ausgegeben und sind passend in Zeile 200 einzutragen.

Und noch ein Hinweis: Da die Befehlscodes „*" sowie „" sämtlich auf der SHIFT-Ebene liegen, sollte man die Tastatur im UPPER CASE verriegeln.

SIGNGEN kann aber nicht die Hexdatei auf den EPROM brennen.

Ein passender EPROMMER muß über einen Treiber verfügen, der auf CP/M-Diskettendateien zugreift.

Vom ASMW ist ein derartiges System (mit einem bis 64 K-EPROMMER) nachnutzbar.

Termine

Fachtagung Elektronische Stromversorgungstechnik

WER? Fachverband Elektrotechnik in der KDT, Fachausschuß 14, Steuerungs- und Regelungstechnik

WANN? 1. Oktober 1987

WO? Berlin, Kongreßhalle Alexanderplatz

WAS?

- Schaltnetzteile und andere moderne Stromversorgungskonzeptionen in Geräten und Anlagen
- Funktion und Einsatz neuer Bauelemente
- Erläuterung perspektivischer Schaltungskonzeptionen

WIE? Teilnahmemeldungen schriftlich an: Kammer der Technik, Präsidium, Fachverband Elektrotechnik, PSF 1315, Berlin, 1086.

Hoppe

Börse

EPROM-Programmiersystem

Dieses System umfaßt einen Hardwareteil (s. Bild) und ein Bedienprogramm für den Wirtsrechner (z. B. A 5110/A 5120, PC 1715, PRG 700 unter UDOS).

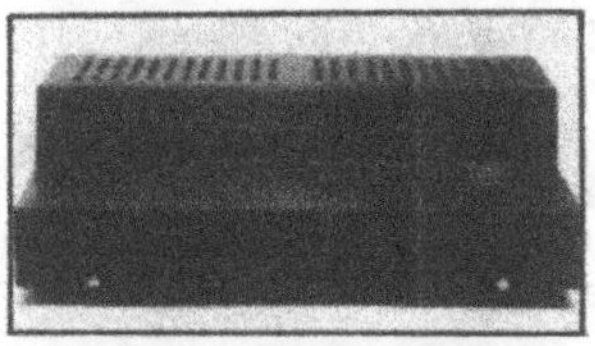

Der Hardware-Teil (Programmiergerät PG) verfügt über autonome Stromversorgung und ist mit dem Wirtsrechner über eine V.24-Schnittstelle gekoppelt (dreipolige Verbindung). Kernstück des PG ist ein EMR U 8820, der den seriellen Datentransfer (9600 Baud) und die Bereitstellung der jeweiligen Programmroutine im PG übernimmt. Eine weitere Logik mit Anzeige des aktuellen EPROM-Typs (I2708 bis I27256) sorgt für eine typgerechte Signalfolge.
Das System gestattet die Löschkontrolle, das Lesen – wahlweise auf eine Zieldatei oder in den Hauptspeicher – sowie das Programmieren von einer Quelldatei. Betriebsart, EPROM-Typ, Datei-Namen, Anfangs- und Endadresse des EPROMs (bei Abweichungen vom Standard) bzw. die Bedienerführung und Prüfbit-Summe werden über die Konsole des Wirtsrechners ein- bzw. ausgegeben. Die Prozedur benötigt etwa 2,5 KByte Programmbereich und je nach EPROM-Typ bis 32 KByte im Hauptspeicher. Für die Typen I2764 bis I27256 ist eine zeitsparende Hochleistungsprogrammierung vorgesehen.
Technische Universität Karl-Marx-Stadt, Sektion Automatisierungstechnik, PSF 964, Karl-Marx-Stadt, 9001; Tel. 5613339.

Dr. Magerl

PC-1715-Grundkurs

An unserer Einrichtung wurde vom CAD/CAM-Zentrum unter Leitung von Prof. Klaeger für die Schulung von Mitarbeitern in Betrieben und Institutionen ein Lehrgangsmaterial erarbeitet, das eine Einführung in die Arbeit des PC 1715 gestattet. Folgende Inhalte sind dargestellt:
1. Teil: Einführung in das Betriebssystem SCP und in die Textverarbeitung TP
2. Teil: REDABAS – Dateien, Begriffe, Kommandos
3. Teil: REDABAS – Anwendung und Beispiele
4. Teil: Tabellenkalkulationssystem KP.

Jeder dieser Teile umfaßt etwa 15 Seiten und liegt als Textdatei auf Diskette vor. Die einzelnen Dateien sind gegen eine Nachnutzungsgebühr von je 100 Mark zu beziehen und für den Nachdruck freigegeben. Interesssenten wenden sich bitte an folgende Kontaktadresse:
TU „Otto von Guericke" Magdeburg, Direktorat für Forschung, PSF 124, Magdeburg, 3010.

Dr. Springer

WORDINDEX-II

Das Textverarbeitungssystem TP, das unter dem Betriebssystem SCP läuft, läßt trotz seiner Leistungsfähigkeit eine Reihe von Wünschen offen, besonders dann, wenn große Textdokumente bearbeitet werden sollen. Hier besteht mit der Nutzung von WORDINDEX-II eine Möglichkeit, zusätzliche Serviceleistungen, wie automatisches Inhaltsverzeichnis, Stichwortverzeichnis und einheitliche Überschriften und Unterschriften usw., abzufordern. An unserer Einrichtung wurde vom CAD/CAM-Zentrum die vorliegende umfangreiche englische Programmdokumentation übersetzt und als deutsche Kurzdokumentation mit einem Umfang von 15 Seiten bearbeitet. Diese Kurzdokumentation liegt als Diskettendatei vor und kann zum Preis von 200 Mark nachgenutzt werden. Interesssenten wenden sich bitte an folgende Kontaktadresse:
TU „Otto von Guericke" Magdeburg, Direktorat für Forschung, PSF 124, Magdeburg, 3010.

Dr. Springer

Programm Diskettenverwaltung

Zur Verwaltung umfangreicher Datenbestände auf Disketten wurde ein Programm *Diskettenverwaltung* zur Nutzung unter dem Betriebssystem SCP entwickelt.
Die Eintragungen der Directory werden zusammen mit einem Diskettenbezeichner in einer Verzeichnisdatei abgespeichert. Der Diskettenbezeichner kann ebenfalls in der Directory enthalten sein.
Die Verzeichnisdatei wird im REDABAS-Format aufgebaut und ist damit variabel auswertbar. Bei REDABAS-(dBASE-) Dateien werden der Dateiaufbau, die Dateigröße und das Änderungsdatum in die Verzeichnisdatei übernommen.
Dateien im Textformat werden so aufbereitet, verdichtet und in die Verzeichnisdatei übernommen, daß der Inhalt erkennbar wird.
VEB Rohrtechnik Delitzsch, Fr.-Ebert-Str. 30, Delitzsch, 7270; Tel. 3636.

Dr. Wernicke

Programmsystem PROBE

PROBE ist ein auf REDABAS aufbauendes universelles Programmsystem zur bildschirmorientierten Abarbeitung komplexer Qualifizierungs- und Bearbeitungsprozesse. Mittels Implementierungsprojekt erstellt der Nutzer beliebige eigene Projekte, wofür keinerlei Programmierkenntnisse notwendig sind. Der Nutzen besteht darin, daß vorhandenes Wissen über solche Abläufe erfaßt und in eine abarbeitbare Form gebracht wird. Die Ergebnisabfrage nach jedem Arbeitsschritt führt zur Präsentation des jeweils einzig richtigen Folgeschrittes. Eine REDABAS-Einführung ist als Beispiel enthalten. Zugriff zu REDABAS-Programmen und Dateien im Ablauf ist möglich.
VEB Robotron-Elektronik, BfN, Str. d. Antifa, Zella-Mehlis, 6060, Stichwort: PROBE (NV 190/86/03).

Schlenzig

Druckertreiber für SD 1152

Zur Verkürzung der Druckzeit am A 5120/A 5130 wurde für das Betriebssystem UDOS ein Druckertreiber entwickelt. Er dient der formatierten Ausgabe von Texten und realisiert Vor- und Rückwärtsdruck bei Optimierung des Druckweges. Bei der Initialisierung des Druckertreibers SDOPT können folgende Parameter wahlweise spezifiziert werden:
- Anzahl der Zeilen je Seite
- ohne/mit Seitennumerierung
- Nummer der ersten Seite
- Anzahl der Linefeed je Zeile
- Format A3, A4 oder A5
- ohne/mit Trennlinie zwischen den Seiten
- Kopfzeile bis 32 Zeichen
- kleiner Zeilenabstand (8 Zeilen je Zoll)
- kleiner Zeichenabstand (12 Zeichen je Zoll)
- Farbbandumschaltung bei jedem Seitenwechsel.

Weiterhin ist es möglich, in einer erweiterten Variante des Treibers eine vom Anwender beliebig wählbare Umkodierung der auszugebenden Zeichen vorzunehmen.
Die Nachnutzung umfaßt den Treiber als Maschinencode, Objektcode und Quellprogramm sowie eine Kurzdokumentation. Interessenten wenden sich bitte unter Angabe der NV-Registriernummer 27/86 an:
VEB Rohrkombinat, Stahl- und Walzwerk Riesa, Büro für Neuerer oder Abteilung Automatisierung, Kolln. Haschlar, Dimitroffstraße 10, Riesa, 8400; Tel. 803196

Dr. Förster

Wir suchen

- eine Lösung, um Programme unter Mikro-DOS (MS-DOS) auf dem Arbeitsplatzcomputer A 7100 abarbeiten zu können,
- folgende Software für den A 7100 unter SCP 1700 (CP/M 86): Textverarbeitungssysteme, Datenbanksysteme, Tabellenkalkulationsprogramme sowie Compiler für PASCAL (möglichst Turbo), MODULA-2, PL/1, C.

Wir bieten

die Vermittlung von entsprechender Software für das BS Mikro-DOS (MS-DOS).
VEB Glasinvest Radebeul, Abt. OeO, Freiligrathstr. 9, Radebeul, 8122; Tel. Dresden 7903106.

Haufe

Wir suchen

Programme für SM52/11

Gesucht werden für das Rechnersystem SM52/11 unter OS-RW Programme zur Grund- und Arbeitsmittelverwaltung und ähnlicher Gebiete sowie Lösungen von Dateiauswertungen (Listengenerator) und zum Magnetband-Service.
Angebote bitte an:
VEB Komplette Chemieanlagen, ORZ, Abt. 695120, Postfach 184, Dresden, 8012; Tel. 4863309.

Dr. Gäbler

Literatur

UNIX und C

Ein Anwenderhandbuch

Reihe Technische Informatik, von L. Claßen und U. Oefler, VEB Verlag Technik Berlin 1987, 236 S., 24,– M

Das Buch versteht sich als Handbuch, das während der Benutzung des UNIX-Betriebssystems als griffbereites Nachschlagewerk gute Dienste leistet. So ist auch insbesondere die Reihenfolge des dargebotenen Stoffes danach geordnet, bestimmte Themenkreise leicht aufzufinden. Viele Informationen sind in tabellarischen Zusammenstellungen – mit meist alphabetisch geordneten Schlüsselwörtern – enthalten. Didaktische Gesichtspunkte treten dabei eher in den Hintergrund. Wer sich beispielsweise als Anfänger mit dem UNIX-Betriebssystem vertraut machen möchte, beginnt am besten mit dem Kapitel 4, vor allem mit den Abschnitten 4.3.1. bis 4.3.18.

Nach der Einleitung behandelt das Kapitel 2 die Basiskonzepte des Betriebssystems UNIX. Begriffe wie UNIX-Kern, Dateien im UNIX, Prozesse und Ein-/Ausgabe unter UNIX werden erklärt. Dazu gehört auch eine Tabelle der Systemrufe des UNIX-Kerns. Das dritte Kapitel beschäftigt sich mit der UNIX-Initialisierung. Das ist für den Betreiber des UNIX von Belang, wenn man die Anwendung des UNIX als Mehrfachzugriffsystem vor Augen hat. Die UNIX-Nutzung auf einem Personalcomputer erfordert natürlich diese Kenntnisse auch für beliebige Anwender.

Kapitel 4 beschreibt die Standardoperatorprozeduren und demonstriert zugleich einen gewissen Musterdialog, der bei jeder Anwendung in diesem oder ähnlichem Sinn abläuft.

Das folgende Kapitel (40 Seiten) bringt Kurzbeschreibungen wichtiger Kommandos. Dies wird der Nutzer gewiß dankbar entgegennehmen, ebenso die Beschreibung der Bourne-Shell der zentralen Kommandosprache des UNIX-Systems. Man kann natürlich darüber diskutieren, ob nicht die attraktivere C-Shell besser geeignet wäre, oder zumindest als alternative Möglichkeit mit erklärt worden wäre.

Das letzte Drittel des Buches (80 Seiten) ist der Programmiersprache C gewidmet. Es bringt insgesamt eine gute Einführung in diese Sprache. Die Darstellung ist mit geeigneten Beispielen durchsetzt. Am Schluß ist ein Beispiel zur Nutzung von Systemrufen und Bibliotheksfunktionen angegeben. Die Beispiele wurden auf einem UNIX-System getestet und geben damit einige Gewähr für ihre Berechtigung.

Mit diesem Buch wird eine Literatur-Lücke geschlossen. Dafür gebührt den Autoren und dem Verlag Achtung und Anerkennung. *Prof. Dr. Ch. Polze*

Englisch–Deutsch-Fachwortschatz

Automatisierungsanlagen mit Mikrorechnern

von R. Engel, Reihe Automatisierungstechnik, H. 13., KDT, Betriebssektion des VEB GRW Teltow, Teltow 1985, 44 S.

Mit dieser Broschüre liegt eine bemerkenswerte Leistung vor, die man einem Fachkollegen bescheinigen kann, der sowohl das Gebiet der Regelungstechnik, der Mikrorechentechnik und die anglo-amerikanische Fachsprache gleichermaßen gut beherrscht. Diese Broschüre aus der KDT-Schriftenreihe des VEB GRW Teltow erreicht einen breiten Interessentenkreis durch ihre praktische Handhabbarkeit und ihr weit gefächertes inhaltliches Spektrum.

Zum Kreise der Nutzer gehören:
- die Automatisierungstechniker, die im Bereich der Forschung/Entwicklung, Konstruktion, Projektierung, Technologie und Montage tätig sind sowie
- die in der Aus- und Weiterbildung befindlichen Hoch- und Fachschulkader technischer Fachrichtungen
- und andererseits die Sprachmittler, Dokumentalisten, Kader der wissenschaftlich-technischen Information, Redakteure und Lektoren technischer Publikationen zur Aneignung fundierter Kenntnisse einschlägiger Begriffe der englischen Fachsprache, um als Mittler zwischen fortgeschrittenem Stand der Technik und Praxis wirksam werden zu können.

Das etwa 500 Fachbegriffe enthaltende Glossar ist zweisprachig aufgebaut und beinhaltet moderne Termini der Automatisierungstechnik, die in jüngster Zeit und zukünftig durch die Mikroelektronik nachhaltig beeinflußt wird.

Die Broschüre kann über die Hauptabteilung Forschungsstrategie und -ökonomie oder über die BS der KDT des VEB GRW „Wilhelm Pieck" Teltow zum Preis von 8,– Mark bezogen werden. *L. Blackert*

Turbo-PASCAL

von H.-J. Joepgen, Carl Hanser Verlag München, Wien 1985, 424 S.

Das Buch wendet sich an einen breiten Leserkreis – „vom Wissenschaftler bis zum Hauptberuf-Programmierer über Informatik-Lehrer an allgemeinbildenden Schulen bis hin zu Steckenpferd-Reitern und Schülern mit wenig Programmierer-Erfahrung ...".

Dieses Kompendium ist nicht geeignet als Ersatz für das Original-Handbuch. Nur dort findet man die vollständige Auflistung aller vordefinierten Prozeduren und Funktionen oder systematische Syntax-Diagramme von Turbo.

Schon die Hauptüberschriften zeigen, auf welche Art und Weise Joepgen seinen Lesern das Turbo-PASCAL nahebringt: Einführung – Historisches und Turbos Bedeutung für die PASCAL-Welt; System-Bedienung – Technische Einzelheiten und der Umgang mit dem PDS; Streifzug – Spazieren durch die bunte Turbo-Welt; Systematik – von der inneren Ordnung der Sprach-Elemente und Magazin – Praxis-Probleme in Einzeldarstellungen.

Beim Studium der Lektüre gab es nicht nur positive Erfahrungen. Die erst vor relativ kurzer Zeit erschienene Turbo-PASCAL-Version 3.0 ist noch nicht im erforderlichen Umfang berücksichtigt. Dies ist sehr bedauerlich, denn mit dieser Version werden viele Verbesserungen eingeführt.

Als negativ wurde die (nicht sehr sachliche) Polemik BASIC–Turbo-PASCAL empfunden. Zwar weist Turbo-PASCAL gegenüber BASIC viele Vorteile auf. Der Meinung des Autors kann aber nicht zugestimmt werden, daß bei der Schaffung „anspruchsvollere(r) Programme von einigem Umfang ... der Startvorteil des BASIC-Freundes schnell dahin(schmilzt). Während er darum kämpfen muß, in einem Gestrüpp unanschaulicher GOTO- und GOSUB-Anweisungen die Übersicht zu behalten, kann sich der PASCAL-Programmierer auf die Problem-Lösung konzentrieren." Es ist mit BASIC zwar möglich, aber keinesfalls notwendig, unübersichtliche Programme zu entwickeln.

Die vorstehenden kritischen Bemerkungen ändern nichts an der positiven Einschätzung des Titels. Man sollte jedoch beachten, daß mit diesem Buch nur dann effektiv gearbeitet werden kann, wenn mindestens das Programm Turbo-PASCAL einschließlich des Handbuches sowie ein Computer, auf dem Turbo-PASCAL lauffähig ist, zur Verfügung stehen. *K.-H. Rumpf*

Einführung in die Mikrorechentechnik

von K. Franke, 2., durchges. Auflage. VEB Verlag Technik Berlin 1986, 136 S., 64 Bilder, 13 Tafeln. 14,– M

Der Autor ordnet den Mikrorechner seinem Wesen nach in die Kategorie der Prozeßrechner ein und klärt eingangs seine Stellung in Echtzeitsystemen sowie als Instrumentarium der programmierbaren Steuerung. Danach werden die typischen Baugruppen und ihre Funktionsprinzipien vorgestellt. Dieser Abschnitt schließt mit einer kurzen Behandlung von Einchip-Mikrorechnern als hocheffektives Rechnerelement für den massenhaften Einsatzfall bei relativ kleinem Bedarf an Rechenleistung. Das letzte Kapitel befaßt sich mit der Software von Mikrorechnern. Dabei werden die Grundzüge der Assembler-Programmierung, das Wesen höherer Programmiersprachen sowie Konzepte zur Programmstrukturierung und zur Gestaltung von Echtzeitprogrammsystemen in einfacher Form erläutert.

Das Studium dieses Buches setzt beim Leser Grundkenntnisse der Rechentechnik in nur sehr geringem Umfang voraus, so daß der Charakter einer wirklich einführenden Schrift vom Grundsatz gegeben ist. Es kann festgestellt werden, daß es dem Verfasser gelungen ist, das gesteckte Ziel in vollem Umfang zu erreichen. Auffällig ist die gute pädagogische Gestaltung, die sich in der Auswahl und Reihung des Lehrstoffes, in der Klarheit und Präzision der Darlegung und in eindrucksvoll gestalteten Bildern widerspiegelt. Vielleicht wäre der Effekt noch größer gewesen, wenn der Software-Abschnitt die Assembler-Programmierung für einen konkreten Mikroprozessor komplett behandelt hätte, um damit nicht nur Überblick, sondern sogar direkte Fertigkeiten zu vermitteln. Aber das ist in Fachkreisen sehr umstritten. Die vielen Details, die bei Assemblern zu besprechen sind, gefährden natürlich den Fluß der Gesamtdarstellung. *Prof. Dr. J. Zaremba*

Trend nach der 28. Maschinenbaumesse Brno '86:

Schwerpunkt Elektronisierung

In der zweiten Hälfte der 80er Jahre, so sieht es das Dokument der Hauptrichtungen der wirtschaftlichen und sozialen Entwicklung der ČSSR für die Jahre 1986 bis 1990 vor, soll sich die Leistungsfähigkeit der tschechoslowakischen Volkswirtschaft merklich beschleunigen. Bei einem durchschnittlichen Wachstum der Industrieproduktion von jährlich rund 2,9 Prozent und insgesamt von 15 bis 18 Prozent werden die Jahre 1986 bis 1990 eine Etappe für weitere wichtige Strukturveränderungen in der tschechoslowakischen Industrie. Der Anteil von material- und energieintensiven Industriezweigen soll zugunsten des Maschinenbaus und der Elektrotechnik gesenkt werden.
Den höchsten Leistungszuwachs wird die elektronische Industrie entwickeln. Während im 7. Fünfjahrplan die Produktion dieses Industriezweiges um 51 Prozent stieg, soll sie in den Jahren 1986 bis 1990 um 60 bis 65 Prozent wachsen. Erhöhen soll sich die Produktion verschiedener Finalerzeugnisse, vor allem von Computern und Telefonzentralen sowie bei Konsumgütern.
Die Schlüsselbedeutung der elektrotechnischen Industrie liegt im Komplettierungsbereich, bei Lieferungen von Bauelementen, -gruppen und -systemen.
Eine Analyse der Lieferungen der tschechoslowakischen Elektronik für den Maschinenbau zeigt, daß es für einen weiteren Einsatz der Elektronik in der Volkswirtschaft, vor allem im Maschinenbau, noch beträchtliche Reserven gibt.

Langfristiges Komplexprogramm

Zur Lösung dieser Problembereiche wurde das Langfristige Komplexprogramm des verstärkten Einsatzes der Elektronik in der tschechoslowakischen Volkswirtschaft bis 1995 ausgearbeitet, das für den Zeitraum 1986–1990 in Form von zwei Staatlichen Zielprogrammen maßgebend ist: zum einen Ausbau der materiell-technischen Basis der Elektronisierung und andererseits modifizierter Elektronikeinsatz in ausgewählten Bereichen der Volkswirtschaft.

Folgende Maßnahmen und Zielsetzungen stehen dabei im Vordergrund:

- bessere Befriedigung des Bedarfs der Volkswirtschaft durch forcierte *Weiterentwicklungen und Strukturänderungen* in der elektrotechnischen Industrie sowie durch eine verstärkte internationale Zusammenarbeit mit der UdSSR und weiteren Mitgliedsländern des RGW
- *Steigerung der Arbeitsproduktivität* in der elektrotechnischen Industrie *auf das Dreifache* des Ist-Bestandes
- starke *Preisreduzierung* bei elektronischen Bauelementen auf rund ein Drittel des Preisniveaus von 1983 innerhalb der nächsten fünf Jahre und als Folge davon eine starke Preisreduzierung auch bei elektronischen Finalprodukten
- Steigerung der *Qualität und Funktionstüchtigkeit* bei elektronischen Bauelementen, -komponenten, -gruppen und -systemen.

Das Programm der Elektronisierung der Volkswirtschaft beruht auf einem breiten Einsatz elektronischer Mittel in allen Tätigkeitsbereichen, in erster Linie in die Vervollkommnung der Produktionsprozesse.
Funktionelle Beschaffenheit, Integrationsdichte und weitere Parameter mikroelektronischer Bauelemente, speziell integrierter Schaltungen, beeinflussen in dominierender Weise nicht nur den technischen Stand der Finalerzeugnisse, sondern auch deren ökonomische Parameter.
Für die Elektronisierung, so führte der Stellvertretende Minister für elektrotechnische Industrie der ČSSR, Dr. Frk, bei einem Pressegespräch aus Anlaß der 28. Internationalen Maschinenmesse Brno 1986 aus, reiche jedoch die Mikroelektronik allein nicht aus. Proportionell müssen auch z. B. Passivelemente entwickelt werden. Die Miniaturisierung, eine der Begleiterscheinungen des technischen Fortschritts auf dem Gebiet der Elektronik, fordere dabei neue konstruktive Lösungen der meisten Bauelemente, z. B. für die Oberflächenmontage.

Bauelementebasis

Die Bauelementebasis in der ČSSR sichert zum großen Teil der Konzern TESLA Elektronische Bauelemente mit etwa 38000 Mitarbeitern. Das Produktionsprogramm umfaßt dabei den gesamten Komplex von Bauelementen wie integrierte Schaltungen (bipolare, unipolare und Hybridschaltkreise), das Sortiment von Dioden und Transistoren, Niedrigleistungsthyristoren, Lumineszenzdioden, LCD-Displays, optoelektronische Bauelemente.
Auf dem Gebiet der bipolaren Technologien wurden beispielsweise RAM, PROM und D/A-Wandler entwickelt; es wurde die Technologie I^2L gemeistert, die die Lösung gewisser Anwenderschaltungen ermöglicht.
Im unipolaren Bereich gibt es 16-KBit-Speicher, 8-Bit-Mikroprozessoren, Einchipmikrorechner und zahlreiche anwendungsspezifische Schaltkreise für die Rechentechnik sowie CCD-Bauelemente. Auf dem Gebiet der Passivelemente werden erste Typen für die Oberflächenmontage (SMD) angeboten.

Kooperation im RGW wird ausgebaut

Eine bedeutende Rolle für die ČSSR-Elektronikindustrie spielt, wie auch in der DDR, die Zusammenarbeit mit Partnern des RGW. Der Stellvertretende Minister Dr. Frk dazu: „Es liegt auf der Hand, daß das Potential der ČSSR an sich allein nicht konkurrenzfähig gegenüber der Weltspitze ist und daß es unerläßlich ist, in einem weit breiteren Maße die Zusammenarbeit im Rahmen der RGW-Länder zu nutzen. Die von der Anwendersphäre in allen Partnerländern geforderte Sortimentsbreite der mikroelektronischen Bauelemente konnte durch Produktions- und Lösungskapazitäten des jeweiligen Landes nicht mehr gedeckt werden; dies war nur aufgrund der Sortimentsteilung der mikroelektronischen Bauelemente möglich. Diesem Aspekt wird mit Spezialisierungsvereinbarungen Rechnung getragen."

Konkurrenzfähigkeit sichern

Es ist beabsichtigt, die Bestrebungen in ausgewählte Richtungen zu konzentrieren, in denen man international konkurrenzfähig sein und Fonds schaffen kann für den Bilanzaustausch der Bauelemente mit den Partnern. Dazu wurden bereits zahlreiche Voraussetzungen geschaffen, insbesondere durch Gründung jener Technologien, die sich im Kontext mit den weltweiten Trends bewähren.
Man wird auf jene früher in Erwägung gezogenen Richtungen verzichten, für die die materielle Basis nicht erreichbar ist, wo es keine Voraussetzungen für eine schnelle Anschaffung der notwendigen technologischen Ausrüstungen gibt, in denen die ČSSR keine Chance hat, zumindest einen guten Weltstand zu erzielen.
Da die elektronische Industrie auch solche Bauelemente wird gebrauchen können, müssen mit den RGW-Partnern Bedingungen für beiderseitig günstige Warenaustausche geschaffen werden.

J. Elsholz/W. Wild

Lokale Netze

Vom 5. bis zum 9. Januar 1987 fand in Gaußig bei Bautzen ein Problemseminar zu Fragen lokaler Netze statt. Die Veranstaltung wurde vom Informatik-Zentrum des Hochschulwesens an der Technischen Universität Dresden durchgeführt und stand unter der Leitung von *Prof. Dr. Löffler.* An dem Spezialistentreffen nahmen 61 Wissenschaftler und Ingenieure teil. Durch die Mitwirkung von 19 Wissenschaftlern aus der UdSSR, VR Bulgarien, der ČSSR, der VR Polen und der Ungarischen Volksrepublik hatte das Problemseminar internationalen Charakter.
Die 38 Vorträge und das Seminar widerspiegelten den Stand der LAN-Technik (LAN – Local Area Network) und Technologie in den befreundeten Ländern, der sich wie folgt charakterisieren läßt:

- In allen Ländern werden große Anstrengungen unternommen, um die LAN-Technologie sowohl wissenschaftlich weiterzuentwickeln als auch produktiv wirksam zu machen. Zahlreiche lokale Netze sind in Betrieb, wobei Hochschul- und Akademie-Einrichtungen ihrer Funktion als Träger des Bildungs- und Forschungsvorlaufes gerecht werden. Die industriemäßige Produktion lokaler Netze für die Breitenanwendung hat aber noch nicht das volkswirtschaftlich notwendige Niveau erreicht.
- Architekturleitlinie für lokale Netze ist das OSI-Referenzmodell. Die Implementation entsprechender Protokolle und Dienste wird gegenwärtig vollzogen. Dadurch ergeben sich erhebliche Vorzüge bei der Verkopplung lokaler Netze untereinander sowie bei der Kopplung lokaler und Fernnetze. Die Internetzwerk-Technologie (Gateway-Technologie) gehört zu den aktuellen Problemen der LAN-Forschung und Entwicklung. Dies betrifft auch den Gesamtkomplex der administrativen bzw. Verwaltungsdienste in LAN

und WAN (WAN – Wide Area Network)

• National und international wird an der Hebung des Niveaus der Softwaretechnologie für die Kommunikationstechnik gearbeitet. Dies ist verbunden mit der Nutzbarmachung standardisierter sprachlicher Hilfsmittel, z. B. ESTELLE und LOTOS (ISO-Sprachkonzepte).

• Zu den nunmehr schon traditionellen LAN-Einsatzgebieten (Rechenzentrumsbereich, Büro und Verwaltung, Prozeßsteuerung) tritt der Gesamtkomplex der künftigen hochautomatisierten Fabrik. Infolgedessen nahmen die Diskussionen des MAP- und des TOP-Konzepts relativ breiten Raum ein (MAP – Manufacturing Automation Protocol; TOP – Technical Office Protocol).

• International vollzieht sich die immer stärkere Realisierung von LAN-Funktionen durch Hardware, z. B. durch spezialisierte Schaltkreise. Auf dem Seminar wurden entsprechende experimentelle Erfahrungen aus der DDR mitgeteilt. Daneben standen zur Diskussion das Verhältnis der sogenannten Mittelklasse-LAN (bis 1 MBit/s) zu den Hochgeschwindigkeits-LAN (10 MBit/s und darüber) sowie die verstärkte Nutzung der Lichtwellenleitertechnik.

Die Seminarvorträge befinden sich im Druck und können über das Weiterbildungszentrum Informatik an der TU Dresden angefordert werden.

Für 1988 ist ein weiteres Problemseminar zum gleichen Themenkreis vorgesehen.

Prof. Dr. H. Löffler

KDT-Kolloquium „Computer und Gesellschaft '86"

Am 11. Dezember 1986 fand in Suhl das erste KDT-Kolloquium zum Rahmenthema „Computer und Gesellschaft" der wissenschaftlichen Sektion Computer- und Mikroprozessortechnik im Fachverband Elektrotechnik statt. In der Veranstaltung ging es um die Vermittlung von Informationen zu diesem komplexen Gebiet, so daß nur Plenarvorträge gehalten wurden.

Die Referenten Prof. *Posthoff* (Technische Universität Karl-Marx-Stadt), Prof. *Fuchs-Kittowski* (Humboldt-Universität zu Berlin), Prof. *Wernstedt* (Technische Hochschule Ilmenau), Prof. *M. Roth* (Technische Hochschule Ilmenau), Dr. *Groß* (Humboldt-Universität zu Berlin), Dr. *F. Roth* (Technische Hochschule Ilmenau), Dr. *Böttger* (VEB Kombinat Robotron) und Dr. *Mackrodt* (Robotron-Elektronik Dresden) sprachen zu den Themen

– Der intelligente Automat in der menschlichen Gesellschaft
– Beratungssysteme im praktischen Einsatz in der DDR
– Wissensverarbeitung – Aufgaben, Merkmale, Anwendungen
– Der Computer in der flexibel automatisierten Fabrik
– Ziele und Wege zur 5. Rechnergeneration
– Gesellschaftliche und soziale Wirkungen der modernen Informations- und Kommunikationstechnologie
– Unterstützung von Programmiersprachen in Systemen der künstlichen Intelligenz
– PROLOG – Modellierung ist gleich Programmierung.

Die 150 Teilnehmer bestätigen das Interesse an der Veranstaltung, jedoch erwies sich die fehlende Diskussionszeit als wesentlicher Mangel, so daß künftig ein zweiter Tag zur Erörterung von Fragen vorgesehen wird.

Dieses Kolloquium soll im Abstand von zwei Jahren regelmäßig in Suhl stattfinden. Als Teilnehmer sind vorwiegend Ingenieure angesprochen.

Prof. Dr. M. Roth

GIDDR – Jahrestagung '86 der Fachsektion 5

(Anwendungen)

Am 21. Januar 87 fand die Jahrestagung 1986 der Fachsektion (FS) 5 (Anwendungen) im ZKI der AdW in Berlin statt.

Ziel der Tagung war das Abstecken eines Rahmens für die Arbeit der FS in den einzelnen Arbeitsgruppen und das Vorstellen der Arbeitsgruppenthemen. Im Rahmen einer Tagesveranstaltung wurden dazu Vorträge angeboten, die sehr viele Ansatzpunkte für Diskussionen in der weiteren Arbeit aufzeigen.

Prof. Kempe (ZKI) als Vorsitzender der Fachsektion gab eine kurze Übersicht zur bisherigen Arbeit der FS und stellte einige grundlegende Anforderungen für die Anwendungen der Informatik dar. So ist z. B. durch sorgfältige algorithmische Aufbereitung ein effektiverer Einsatz der Rechentechnik nötig, um die neuen technischen Möglichkeiten mit den hohen Anforderungen in Übereinstimmung zu bringen. Mit dem Aufbau der 5 Arbeitsgruppen, deren Zielstellungen von Prof. Kempe kurz charakterisiert wurden, werden besondere Schwerpunkte der Informatikanwendung in der Volkswirtschaft behandelt, die in engem Zusammenwirken mit weiteren Gremien auf dem Gebiet der Informatik (z. B. WGMA der KDT) arbeiten. Die Vorträge am Vormittag waren als Übersichtsvorträge gedacht, um auf besondere Aufgabengebiete der Informatik hinzuweisen und spezielle Probleme der Forschungsarbeit herauszuarbeiten.

Prof. Koziolek (Zentralinstitut für sozialistische Wirtschaftsführung beim ZK der SED) konnte eindrucksvoll die Einbettung der Informatikprobleme in die gesamtgesellschaftliche Entwicklung aufzeigen. Ausgangspunkt der Überlegungen war die besondere Bedeutung der Schlüsseltechnologien, wie sie auf dem XI. Parteitag der SED dargestellt wurden. Wirtschaft und Gesellschaft sind als Ganzes aufzufassen. Die Informatik spielt dabei eine wichtige Rolle, wobei der Querschnittscharakter durch Verflechtung von verschiedenen Bereichen eine Produktivitätswirkung bedeutet. Hohes Wachstumstempo, Beachtung der Dynamik, der Produktivkraftentwicklung und der Auswirkung der wissenschaftlich-technischen Revolution stellen hohe Anforderungen an die Entwicklung der sozialistischen Betriebswirtschaft. Prof. Koziolek zeigte an Beispielen die bisherige Entwicklung auf diesem Gebiet (z. B. AUTEVO, AUTOTECH) auf und stellte die Mitwirkung des Zentralinstituts für sozialistische Wirtschaftsführung dabei dar. Bei der Arbeit aufgetretene Probleme (Fehlen von erforderlicher Hardware und Programmiersystemen) wurden erörtert. Für die weitere Arbeit des Institutes wurden die wesentlichen Schwerpunkte dargestellt (Übergang von Insellösungen zu einem Gesamtkonzept der komplexen Automatisierung/Flexibilität, Materialwirtschaft/Normung und Standardisierung, Paßfähigkeit von Hardware und Software/Rechnergestützte Qualitätssicherung im gesamten Produktionsprozeß). Der Vortrag machte deutlich, welche Bedeutung die sozialistische Betriebswirtschaft der Anwendung der Informatik beimißt und was in der weiteren Entwicklung erwartet wird.

Prof. Töpfer (TU Dresden) stellte anschließend in einem sorgfältig aufgebauten Übersichtsvortrag die besonderen Probleme der Produktionsautomatisierung dar. Einleitend erfolgte eine Begriffsbestimmung der Produktionsautomatisierung als Gesamtheit der Prozeßautomatisierung (stetige Prozesse) und der Fertigungsautomatisierung (diskrete Prozesse) und die Einordnung der Automatisierungseinrichtung als Hilfsmittel zwischen Mensch und Prozeß. Für jede Automatisierungsaufgabe sind unterschiedliche Ziele maßgebend. Als Grundziele wurden dabei die Steuerung des Produktionsablaufes, die Erhöhung der ökonomischen Ergebnisse, verbesserte Zuverlässigkeit und verbesserte Arbeits- und Lebensbedingungen genannt.

Dr. Müller (Kombinat Robotron) konnte in einem informativen Vortrag direkt auf die beiden vorangegangenen Vorträge aufbauen und zeigen, wie mit der Entwicklung der Rechentechnik versucht wird, den gestellten Anforderungen gerecht zu werden. Es wurde die besondere Bedeutung der Entwicklung neuer Software mit Softwareentwicklungssystemen hervorgehoben (Software-Engineering) und der Einfluß der Ressourcen (Hardware/Betriebssystem) darauf. Übersichtlich wurden die verschiedenen Leistungsklassen zusammengestellt und die wesentlichen Parameter erläutert. Interessant für viele Teilnehmer wird dabei besonders die weitere Entwicklung dieser wichtigen Voraussetzungen gewesen sein.

Die Notwendigkeit von Standardsoftware für breite Anwendungsklassen wurde erkannt, und daß sie in sehr kurzer Zeit zur Verfügung stehen muß.

Insgesamt gab die Tagung eine gute Übersicht über anstehende Probleme. Diskussionen waren aus Zeitgründen nur sehr eingeschränkt möglich. Weitere Veranstaltungen der FS werden von den Informationen aus den Vorträgen ausgehen können. Ausgewählte Beispiele sollen in den GI-Mitteilungen veröffentlicht werden.

Dr. J. Hübener

Rund 9000 Aussteller aller Kontinente boten in 41 Branchen auf der diesjährigen Leipziger Frühjahrsmesse vom 15. bis 21. März ihre Exponate an. Dabei offerierten mehr Aussteller als im Vorjahr Computertechnik. Unser Bericht soll einen Überblick über die in Leipzig ausgestellten Erzeugnisse dieser wichtigen Branche vermitteln. Die Berichterstattung ist untergliedert in Bauelemente, Computertechnik, periphere Geräte und lokale Netze. Informationen über die beiden zuletzt genannten Gebiete werden in MP 6/1987 veröffentlicht. Einige Neuheiten hat MP bereits teilweise recht umfangreich vorgestellt – z. B. Grafikdisplaycontroller U 82720 (MP 4/87), KC 87 (MP 1/87), P 8000 (MP 3/87), Fernschreiber F 2000 (MP 2/87) –, so daß hier nicht näher darauf eingegangen wird. Weitere ausführliche Beschreibungen von Neuentwicklungen gibt es in diesem und in den folgenden Heften, beispielsweise vom schnellen 8-Bit-D/A-Wandler C560D in dieser Ausgabe.

Leipziger Frühjahrsmesse 1987

Bauelemente

Wir wollen uns im Bericht auf die wesentlichen Bauelemente der Computertechnik aus den Kombinaten Mikroelektronik und Carl Zeiss JENA beschränken.
Mit dem CMOS-Gate-Array-System **U 5200** wird der Anwender in die Lage versetzt, am Entwurf seines spezifischen Schaltkreises aktiv mitzuwirken. Umfangreiche Entwicklungssoftware und ein Katalog wählbarer logischer Grundelemente erlauben eine Umsetzung der Anwenderaufgabenstellung in das Gate Array (siehe MP 1/87). Während die Grundstruktur eines Gate Array für alle Schaltkreise gleich ist (Master U5201), können drei kundenspezifische Ebenen (davon zwei Verdrahtungsebenen) modifiziert werden.
Neben der bisher gängigen Verkappung des IS in ein 64poliges Chip-Carrier-Gehäuse wurde zur LFM das PC-Sortiment (Plast-Chip-Carrier) gezeigt.
Ein weiteres Semikunden-Schaltkreissystem – auf Standardzellenbasis und damit für höhere Stückzahlen gedacht – ist das **U-1500.** Der Entwerfer hat hier die Möglichkeit, nach dem Baukastenprinzip aus einem Katalog bestimmte logische Elemente bereits im Layout festzulegen, womit Schaltungen mit einem jeweils kundenspezifischen Layout entstehen. Die Schaltkreise werden vorwiegend als SMD (oberflächenmontierbare Bauelemente) geliefert. Dem internationalen Trend folgend, stellt die Bauelementeindustrie der DDR zunehmend Schaltungen als SMD (Surface Mounted Devices) zur Verfügung, womit sich bedeutende Einsparungen an Fläche, Volumen und Leiterplattenmaterial, eine Erhöhung der Zuverlässigkeit und Senkungen der Produktionskosten erzielen lassen. Das Sortiment umfaßt derzeit z. B. etwa 10 Typen der V-4000-Serie, 10 Typen von Einchipmikrorechnervarianten, zahlreiche industrielle und Konsumgüterschaltkreise sowie Transistoren.
Der Einchipmikrorechner **U 8047 P** ist ein maskenprogrammierbarer Schaltkreis in CMOS-Technologie und als SMD im PCC-64-Gehäuse lieferbar. Die Programmierung erfolgt kundenspezifisch. Der Schaltkreis hat 4 Bit Verarbeitungsbreite, einen 798 × 16-Bit-ROM und einen extern erweiterbaren RAM von 64 × 4 Bit. Der U 8047 P ist für umfangreiche Aufgaben der Steuerung und Regelung sowie der Meßwerterfassung und -verarbeitung vor allem in batteriebetriebenen Geräten vorgesehen. Mit minimalem Aufwand können daher z. B. Systeme mit LCD-Anzeige und Tastatur realisiert werden.
Mit dem **U 8246 P** steht ein RAM-Schaltkreis in CMOS-Technologie zur Erweiterung des U-8047-P-RAM um 256 × 4 Bit zur Verfügung. Wie dieser wird der U 8246 P als SMD gefertigt.
Der **U 8611 DC 08** ist ein maskenprogrammierter Einchipmikrorechner mit 8 Bit Verarbeitungsbreite und einem internen ROM von 4 KByte. Die Bondversion UL 8611 DC 08 ermöglicht den Anschluß einer Batterie-Stützspannung (Datenerhalt bei power-down).
Die RAM-Kapazität beträgt 128 Byte; externe Speicher können bis zu 120 KByte adressiert werden.
Ein hochintegrierter statischer Schreib-Lese-Speicher mit wahlfreiem Zugriff (SRAM) ist der **U 6516 D** in CMOS-Technologie. Er hat eine Kapazität von 16384 Bit (2 K × 8 Bit) und wird in 3 Typvarianten gefertigt; ein zusätzlicher Bastlertyp ist in Vorbereitung. Lieferung erfolgt im 24poligen DIL-Plastgehäuse. Das U-6516-D-Sortiment vereint geringe Zugriffszeiten (150 ns bzw. 250 ns) mit geringen Ruheströmen (50 μA bzw. 5 μA) und Schlafströmen (20 μA bzw. 3 μA) und bietet besonders für die Computertechnik günstige Parameter wie Byte-Organisation, 2 Enable-Signale, Pinkompatibilität zum EPROM U 2716 C sowie TTL-Kompatibilität.
Für die Ansteuerung von bis zu 4 Normal- oder Minidiskettenlaufwerken vorgesehen ist der Peripherie-Controller-Schaltkreis **U 8272.** Er gewährleistet die Aufzeichnung von Daten wahlweise mit einfacher oder doppelter Dichte (z. B. IBM-Doppelformat, System 34, MFM).
Der Grundtyp U 8272 D08 hat eine Taktfrequenz von 8 MHz, der U 8272 D04 von 4 MHz.
Besonderheiten des U 8272 sind Mehrfachsektortransporte sowohl beim Lesen als auch beim Schreiben mit einfachem Befehl oder die interne Adreßmarkensuchschaltung.
Es besteht Pinkompatibilität zum μPD 765 und I8272.
Der **U 804 D** ist eine Schaltung in n-Kanal-Silicon-Gate-Technik und enthält einen mikrocomputergesteuerten Analogwertspeicher und D/A-Wandler für 6 Analogfunktionen mit je 6 Bit Auflösung. Über eine asynchrone serielle Schnittstelle, den CBUS, können bis zu 4 parallel betriebene Schaltkreise adressiert und gesteuert werden.

Computertechnik

Als Nachfolgemodell des PC 1715 stellte Robotron den **PC 1715W** vor. Äußerlich unverändert, verfügt er jedoch über einige wesentliche Verbesserungen. Die 8-Bit-CPU UA 880 hat gegenüber der UB 880 (PC 1715) einen schnelleren „Herzschlag" (4 MHz im Vergleich zu 2,5 MHz), was der Verarbeitungsgeschwindigkeit zugute kommt. Außerdem beträgt die RAM-Kapazität beim weiterentwickelten PC 256 KByte. Eine weitere wichtige Neuerung ist der ladbare Zeichengenerator mit einem Satz von 2 × 127 Zeichen. Als Ergänzung zum Beitrag „Semigrafik für PC 1715" in MP 1/87, S. 19 bis 21, soll hier erwähnt werden, daß der ladbare Zeichengenerator es ermöglicht, die beschriebene grafische Software ohne Hardwareveränderungen zu nutzen. Inzwischen wurde die Software weiterentwickelt. Für das Zeichnen von horizontalen und vertikalen Linien stehen in GEDIT jetzt zusätzlich 11 Sonderzeichen in zwei Strichstärken zur Verfügung. Der A3-Editor (GEDIT+) kann Bilder mit maximal 72 Zeilen und beliebig vielen Spalten bearbeiten. Beim Drucken ist das Überlagern von 3 Bildern möglich. Die Abbildung zeigt ein Anwendungsbeispiel.

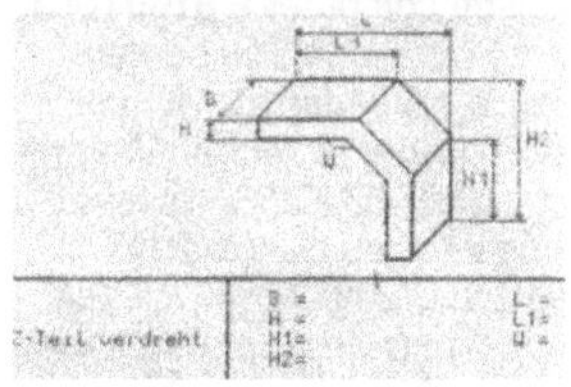

Als Betriebssystem für den PC 1715W werden SCP 3.0, als Programmiersprachen BASIC, PASCAL und FORTRAN angeboten. Für PC 1715 (W)-Anwender ist sicher von Interesse, daß in diesem Jahr im Verlag Die Wirtschaft folgende Bücher zum PC 1715 herausgegeben werden:

Semigrafik für PC 1715

In der Technischen Hochschule Leipzig wurde im Rahmen einer Kleinserienfertigung die Möglichkeit geschaffen, die entsprechende Hardware zur Nachrüstung für den PC 1715 zur Verfügung zu stellen.
Interessenten wenden sich an die TH Leipzig, Sektion Automatisierungsanlagen, Koll. Koch, Karl-Liebknecht-Str. 132, Leipzig, 7030. Zum Lieferumfang gehören Anwenderhandbuch, Dokumentation für Anwendungsprogrammierer und Leiterplatte GM 1 (GEDIT und GEDIT+).

Der Personalcomputer 1715, Datenbanken mit Personalcomputern, Tabellenkalkulation mit Personalcomputern, Betriebssystem SCP für Personalcomputer und Textverarbeitung mit Personalcomputern.
PC-1715-Anwendersoftware zu den verschiedensten Gebieten ergänzten die Robotron-Offerte. Dazu waren auf einem großen Teil der Ausstellungsfläche PC 1715 aufgestellt, an denen sich der Besucher jeweils über die entsprechende Lösung informieren konnte.
Für vielfältige CAD-Aufgaben einsetzbar ist der 16-Bit-Arbeitsplatzcomputer **A 7100** vom VEB Kombinat Robotron. Entsprechende grafische Peripherie ist anschließbar – auf Peripheriegeräte wird ausführlicher im 2. Teil des Berichts von der Leipziger Frühjahrsmesse 1987 in MP 6/87 eingegangen. Jüngstes Kind der A 7100-Familie, die als CPU den UdSSR-Schaltkreis K 1810 WM 86 (kompatibel zu 8086) hat, ist der A 7100.50 mit Arithmetikprozessor, der dem Gerät mehr Geschwindigkeit verleiht. Durch erfolgte Hardwareveränderungen können auf dem AC jetzt auch MS-DOS-kompatible Betriebssysteme installiert werden. Das Gerät wird für den Einsatz eines 5,25″-Festplattenspeichers mit 10 MByte Kapazität vorbereitet.
Eine Erweiterung des P-8000-Systems aus dem KEAW ist der Industriecomputer **P 8100** (Bild 1; im Foto rechts). Er besteht aus dem Arbeitsplatzrechner P8000 (in der einfachen Variante nur mit U880/UDOS, als leistungsfähiges Leitgerät mit U 880 und U 8001 sowie WEGA als BS) und einer konstruktiv getrennten Einheit, dem Prozeßkoppelteil mit Ein-/Ausgabebaugruppen und dem Echtzeitbetriebssystem als Anbindung an den technologischen Prozeß für unterschiedlichste Anwendungen. Das P8000 dient neben der Bedienung des Gesamtsystems und der Ansteuerung weiterer Geräte über Interfaces V.24 und IFSS als leistungsfähiger Arbeitsplatzrechner. Hier erfolgen die Aufbereitung und Archivierung von Prozeß- und anderen Daten (in 5,25-Zoll-Winchesterlaufwerken größer 10 MByte) sowie die Programmentwicklung oder die Bearbeitung übergeordneter Strategien für den Echtzeitteil. Es ist Multiuserbetrieb mit max. 3 Terminals möglich. Der Prozeßkoppelteil ist ein EGS-III-Standardgehäuse mit Stromversorgungs- und Elektronik-Kassetten in 19-Zoll-Technik (EGS IV). Folgende Hardware-Moduln ermöglichen eine Vielfalt an Konfigurationsvarianten:

- ZVE 16-1: CPU U 8001 und MMU 8010
- ZVE 16-2: CPU U 8002
- gemischter Speichermodul SPE 1: 16-KByte-EPROM/16-KByte-CMOS-RAM
- DRAM bis 1 μByte (bei ZVE 16-1)
- Analogeingabemodul AEM1: speziell für sich schnell ändernde Signale, sample-and-hold-Glied, 8 Kanäle, Abtastrate 10000 Meßwerte/s
- Digitaleingabe DES 1: Polling- oder Interruptbetrieb, 16-Bit-Prozeßsignale, 24-V-Geberspannung
- Digitalausgabe DAS 1: 24-V-Pegel, Informationsbreite 15 Bit Prozeßsignale, 1 Bit Rücksetzen.
- Interfacemodul SIE1 (Intelligenter IFSS-Modul mit U 880, Übertragungsrate 9,6 KBaud, asynchron, 5000 m max. Entfernung, 4 Kanäle bidirektional).

Für den Prozeßkoppelteil wird das Echtzeitbetriebssystem IRTS (s. MP 1/87) verwendet, als höhere Programmiersprache ist ICL verfügbar. Die Kopplung des P 8000 mit der Echtzeitgrundeinheit erfolgt über eine IFSS-Schnittstelle. In Entwicklung befindet sich ein schnelles serielles Interface IFLS (ZI, 500 KBaud).
Über den KC 85/3 vom VEB Mikroelektronik „Wilhelm Pieck" Mühlhausen und einige Erweiterungsmodule wurde in den bisher erschienenen Ausgaben bereits ausführlich berichtet. MP wird auch weiterhin die Neuerungen vorstellen. Der KC 85/3 (bzw. /2) verfügt z. Z. schon über ein beachtliches Sortiment an Zusatzmodulen. Nachteilig war bisher, daß in das Grundgerät nur maximal zwei solcher Module gesteckt werden konnten. Durch Nutzung des **Busdriver-Aufsatzes D002** (Bild 2) sind vier Module zusätzlich nutzbar. In den Aufsatz können beliebige Module aus dem Sortiment gesteckt werden. Beim Einsatz von Speichererweiterungsmodulen passend zum KC-System (M011 64 K RAM) kann in einem Aufsatz D002 eine Speichererweiterung von 256 KByte erreicht werden. Die Aufrüstung im Turm ist über weitere Aufsätze möglich.
Zum Abschluß seien noch einige technische Parameter genannt:
Bauform: wie das Grundgerät D001
Abmessungen: 385 × 270 × 77 mm³
Masse: etwa 4 kg
Leistungsaufnahme: etwa 15 W (220 V).
Zum Lieferumfang gehören der Aufsatz D002, Verbindungsstekker und Handbuch.
Das sowjetische Außenhandelsunternehmen ELORG zeigte eine sehr umfangreiche Exposition zur Computertechnik. So gehörten in BASIC programmierbare Taschenrechner, Einplatinen-Mikrorechner, Heimcomputer, Schulmikrorechner und leistungsfähige Grafikarbeitsplätze zum Angebot.
Als Weiterentwicklung zu den Einplatinenmikrorechnern aus der Reihe **Elektronika MC 1201** wurden die **Modelle 03** und **04** vorgestellt. Vorzüge gegenüber den Ausführungen 01 und 02 sind u. a. die Vergrößerung des Arbeitsspeichers auf 256 KByte bzw. 1 MByte und des Adreßraumes auf 1 bzw. 4 MByte. Elektronika MC 1201.03 und 1201.04 bilden die Basis für die Grafikarbeitsplätze DWK3 und DWK4.
DWK4 – es wird auch die Bezeichnung Elektronika MC 0507.10 verwendet – besitzt ein grafisches Farbdisplay (Bild 3) mit einer wahlweisen Auflösung von 400 (horizontal) × 288 (vertikal) oder 800 × 288 Punkten. 64 Farben sind möglich, dabei maximal 16 gleichzeitig. Zwei Floppy-Einheiten mit je 880 KByte und eine Festplatte mit 5 MByte Speicherkapazität sind als Externspeicher in das Gerät integriert. Der 16-Bit-Mikroprozessor K1801WM3 soll eine Verarbeitungsgeschwindigkeit von nahezu einem Megaflops ermöglichen. DWK4 war konfiguriert mit dem Drucker EC 7189 aus der VR Polen und dem Plotter Elektronika MC 6501 mit einer Zeichengeschwindigkeit von 30 cm/s und der Positioniergenauigkeit von 0,02 mm. Vier Farben können über Programm angewählt werden.
Als erster sowjetischer Heimcomputer wurde der **Elektronika BK 0010** präsentiert. Anschließbar sind Fernsehgeräte (über Videoeingang) und Kassettenmagnetbandgerät.
Der 16-Bit-Mikroprozessor (K1801-Reihe) soll eine Verarbeitungsgeschwindigkeit von 0,3 Megaflops gewährleisten. Als Speichergrößen sind 16 KByte Anwender-RAM, 16 KByte Bildschirm-RAM und 32 KByte ROM angegeben.
Weiterhin war ein Schulmikrocomputer zu sehen. Kurz einige Daten: Prozessor K1801 WM2, 96 KByte Anwender-RAM, 32 KByte ROM, Farbfernsehgerät anschließbar, 8 aus 32 Farben gleichzeitig darstellbar.
Bild 4 zeigt einen Lehrerarbeitsplatz, an den einige Schulmikrocomputer bzw. Heimcomputer angeschlossen sind.
Das tschechoslowakische Außenhandelsunternehmen KOVO war zur diesjährigen Frühjahrsmesse mit einer vergrößerten Ausstellungsfläche vertreten. Bereits in MP 1/87, 2. US wurde

1

2

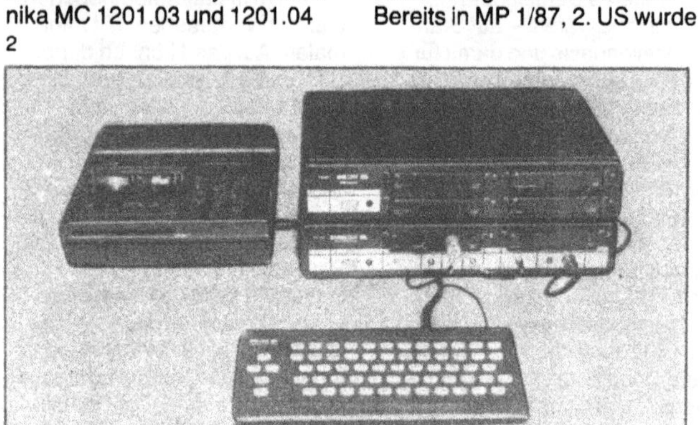

der Rechner **CM52/12** etwas ausführlicher vorgestellt. Die in Leipzig ausgestellte Anlage hatte eine HS-Kapazität von 8 MByte. Jeweils 1 MByte sind auf einer Platine (Bezeichnung CM3211) angeordnet (Bild 5).

Das ungarische Unternehmen VIDEOTON stellte u. a. das **Mikrorechnersystem VT20/IV/M** (Bild 6) aus. VT20/IV/M ist eine Weiterentwicklung des in der DDR gut bekannten VT20A. Das System kann im 8- oder im 16-Bit-Modus arbeiten. Das ermöglichen die beiden eingebauten 8- bzw. 16-Bit-Mikroprozessoren.
Damit können unter dem Betriebssystem UPM (CP/M-kompatibel) die für den VT20A geschriebenen 8-Bit-Programme abgearbeitet werden. UDOS (MS-DOS-kompatibel) ist das Betriebssystem für den 16-Bit-Modus. Zur Grundausführung gehören 512 KByte RAM, ein 14-Zoll-Bildschirm mit 25 × 80 Zeichen bzw. einer Auflösung von 640 × 300 Punkten. Über asynchrone Interfaces sind 4 Datenstationen anschließbar. Als Systemdrucker dient der VT 23000 mit 300 Zeilen/Minute, als Hardcopy-Drucker werden die Geräte VT 21200 bzw. VT 21400 verwendet.
Bei der Ausführung mit 4 Datenstationen wird VT20/IV/M mit einer Minifloppyeinheit (1 MByte) und einem Winchester-Plattenspeicher (10 oder 20 MByte) konfiguriert, oder Datenstationen mit zwei Minifloppyeinheiten.
Der **SUPERMICRO FAMA** (Bild 7) ist eine Entwicklung des Instituts für Computer und Automatisierung der Ungarischen Akademie der Wissenschaften (MTA SZTAKI). Der Master-Control-Prozessor besteht aus einer Z8001-CPU und drei MMU Z8010. 2 MByte DRAM und 160 KByte EPROM bilden die Hauptspeicherkapazität. SUPERMICRO FAMA hat 10 serielle Schnittstellen RS-232C, zwei parallele und Centronics-Interface für Drucker, Plotter usw. Zur Standardausstattung gehören außerdem eine 5¼″-Floppy (DSDD) – DS = Double Side (doppelseitig), DD = Double Density (doppelte Dichte) – und ein Winchester-Laufwerk.

Als neue Konfigurationsvariante zeigte Mera Elzab (VR Polen) den **PC Compan 8** (Bild 8) mit 22-MByte-Winchester-Disk im Beistellgefäß. Ein weiteres Beistellgefäß enthält 2 Minifloppy-Laufwerke mit je 720 KByte. Hiervon soll es künftig auch kombinierte Minifloppy-/Winchester-Laufwerkseinheiten in halber Bauhöhe geben.
Weitere Daten des Compan 8:
– 8-Bit-CPU 8080A (MCY 7880, K 580)
– 320 KByte RAM, mit RAM-Disk 256 KByte (oder 512 KByte RAM, mit RAM-Disk 448 KByte)
– CP/M2.2 als Betriebssystem; im Verbund mit bis zu 3 Terminals wird MP/MII verwendet.

Aus dem Kombinat für Mikroprozessortechnik Pravez (VR Bulgarien) waren die Personalcomputer Pravez 8M, Pravez 16 und erstmals Pravez 16 N zu sehen. Der **Pravez 16 N** (Bild 9) wurde in der Ausführung mit 2 Diskettenlaufwerken in der Bildschirmeinheit gezeigt. Möglich sind auch Varianten ohne oder mit einem Floppy-Laufwerk bzw. mit einem Floppy- und einem Winchesterlaufwerk (10 MByte).
Der Pravez 16 N besitzt den Prozessor 8088 und den Koprozessor 8087, ist also IBM-PC-kompatibel. Bis zu 640 KByte RAM; Monochrom-Bildschirm mit 720 × 348 Punkten.
Eine **CAD-Arbeitsstation** (Bild 10) wurde von ISOT (VR Bulgarien) gezeigt. Sie ermöglicht als Offline-Grafikstation das Erfassen und Vorverarbeiten von grafischen Daten. Die dabei erstellten 1/2-Zoll-Magnetbänder können dann an einem leistungsstarken Großrechner weiterverwendet werden. Basis ist das Terminal CM 1604.M1, ergänzt um Digitalisiergerät ISOT 6411C, Plotter ISOT 6410C und 1/2-Zoll-Magnetbandeinheit.

Eine Weiterentwicklung des bekannten Minirechners FELIX I-102F (Rumänien) ist das Modell **I-102F/4M** mit einem 4-MByte-Hauptspeicher als bedeutendste Neuerung, aufgebaut aus 1-MByte-Platinen mit 64-KBit-ICs (Bild 11).
Als weitere Besonderheiten werden der Floppy-Disk-Controller (kompatibel zum IBM-3740-Format einfacher Dichte und zum PDP-Format doppelter Dichte) für 500 KBit/s sowie der auf einer Karte untergebrachte Magnetbandcontroller zur Zusammenarbeit mit der DMA genannt. Der Cache-Speicher hat eine Kapazität von 2 KByte und eine Zugriffszeit von 150 ns.
Als Betriebssysteme werden MIX und MININET – anwenderkompatibel mit RSX-11M und DECNET – angeboten.
Auch die Republik Kuba stellte einige Erzeugnisse der Computertechnik vor – sowohl Eigenentwicklungen als auch in Lizenz gefertigte Produkte. Zum Lieferprogramm gehören außer Personalcomputern u. a. Tastaturen, Komponenten für lokale Netze, Terminals und ein umfangreiches Angebot an Software.
Die Computer werden entwickelt und produziert im Instituto Nacional de Sistemes Automatizados y Computacion (INSAC). Bei der Entwicklung spielt das ICID, eine Einrichtung des INSAC, eine große Rolle. Daher tragen die in Kuba entwickelten Computer in den Bezeichnungen das Kürzel CID. Der **CID 1408** (Bild 12) mit 8-Bit-Prozessor (8080) hat eine Speicherkapazität von 64 KByte RAM. Die Floppy-Laufwerke für das Gerät werden aus der VR Bulgarien geliefert. Als Betriebssystem wird CP/M verwendet. Gegenwärtig wird an der Entwicklung eines 16-Bit-PC (auf Basis des µP 8086) mit der Bezeichnung CID 1417 gearbeitet.
Es soll nur kurz erwähnt werden, daß zur Exposition Indiens auf der LFM der Computer **Eagle PC Plus** (Bild 13) gehörte, der voll kompatibel zum IBM PC XT ist – also Prozessor I 8088 (4,77 MHz), 256 KByte RAM, 2 Diskettenlaufwerke, Betriebssystem MS-DOS und wahlweise CP/M-86.
Das jugoslawische Unternehmen Iskra Delta offerierte zwei bemerkenswerte, im Leistungsspektrum weit auseinanderliegende Personalcomputer.
Das kleinere Modell, **Partner** (Bild 14), wurde in der Version WF/G mit einem Winchesterlaufwerk und einer Floppy-Einheit im Grundgerät gezeigt. Es handelt sich um einen grafikfähigen 8-Bit-PC (Z80A), der auch in einem lokalen Netz mit bis zu 8 PC als intelligentes Terminal eingesetzt werden kann. Als Betriebssystem wird CP/M verwendet.
Weitere Daten:
– 128 KByte RAM
– 5,25-Zoll-Hard-Disk mit 10 MByte, 5 MBit/s
– Minifloppy mit 682 KByte formatiert, 250 KBit/s
– Grafikbildschirm mit 26 Zeilen × 80 Zeichen bzw. 1024 × 512 oder 1024 × 256 Pixel
– Interface V.24, als Option Centronics.
Weit leistungsstärker ist das Modell **Trident** (Bild 15). Der Name beruht auf der Eigenschaft des PC, durch Austausch der Prozessorkarten mit drei verschiedenen Mikroprozessoren und damit auch unterschiedlichen Betriebssystemen arbeiten zu können. Die Architektur wurde an 8-, 16- und 32-Bit-Prozessoren angepaßt. Wählbar sind die Prozessoren 68010, APX 80286 und DEC J-11. Die CPU-Platinen enthalten außerdem z. B. eine MMU bis 16 KByte Adressierung, RAM von 256 KByte bis 1 MByte und Gleitkommaprozessor. Über den VME-Bus können weitere Moduln angeschlossen werden, so daß sich mehr als 1000 Kombinationsmöglichkeiten ergeben. Trident wird daher als universelles System bezeich-

3

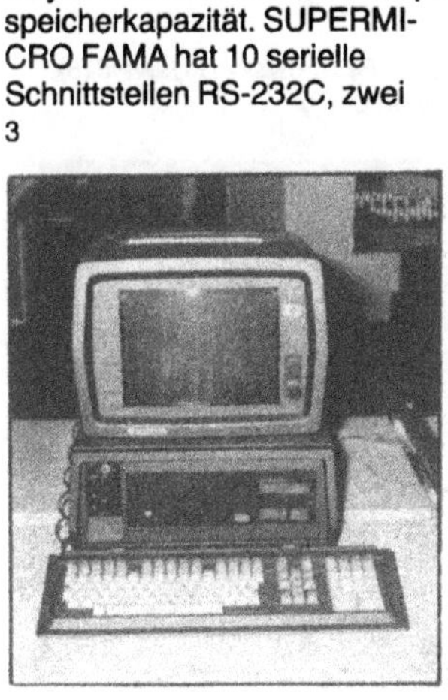

4

5

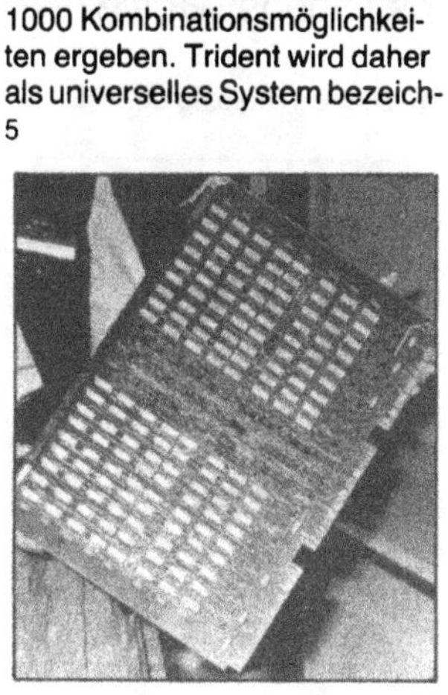

net, das sich sowohl als kommerzielles Multiusersystem als auch zur Prozeßautomatisierung oder als Grafikarbeitsplatz einsetzen läßt.
Der 14-Zoll-Farbbildschirm kann 640 × 480 Pixel sowie gleichzeitig 16 Farben von 256 möglichen darstellen.
Über 2-MByte-Schritte läßt sich der normale 512-KByte-RAM auf 16 MByte erweitern. 5,25-Zoll-Hard-Disks stehen von 40 MByte bis 80 MByte zur Verfügung, Floppy-Einheiten mit bis zu 1 MByte und Microstreamer bis zu 20 MByte.

Erstmals zu einer Messe in einem sozialistischen Land präsentierte das brasilianische Unternehmen CCE seine Produkte – unter anderem auch Computertechnik.
Das kleinste Modell ist der **EXECUTIVE XT** (Bild 16, links), ein portabler PC mit 8088-CPU (4,77 bzw. 8 MHz) und 8087-Koprozessor. In der Basiskonfiguration sind 8 KByte ROM und 704 KByte RAM, ein Minifloppylaufwerk (slimline), RS232C- und Centronics-Schnittstelle enthalten. Das Betriebssystem ist MS-DOS 2.10-kompatibel.
Ebenfalls IBM-kompatibel ist der **MC-5000XT** (Bild 16, Mitte) mit 8088- und 8087-Prozessor. Der RAM ist von 256 KByte auf 640 KByte erweiterbar. Die Grundvariante enthält ein slimline-Minifloppylaufwerk. Der Bildschirm hat 640 × 200 Pixel (einfarbig) bzw. 320 × 200 Pixel (mehrfarbig).
Kompatibilität zu Apple wird mit dem **MC-4000 EXATO PRO** (Bild 16, rechts) geboten (1-MHz-CPU 6502). Hervorzuheben ist die Vielzahl von Erweiterungskarten, unter anderem zur Nutzung des Z80 oder zur Vergrößerung des 48-KByte-RAM um jeweils 128 KByte. Als Betriebssysteme lassen sich CDOS, Apple DOS3.3, SUPERDOS, PRODOS und CP/M nutzen.

IBM zeigte in Leipzig den **PC AT3** (Bild 17), der unter den Betriebssystemen DOS 3.1. und Xenix läuft und drei- bis viermal schneller als der PC XT sein soll. Als Prozessor wird der I 80286 (16 Daten –, 24 Adreßbits, 8 MHz) eingesetzt. Weitere Leistungsparameter sind: 512 KByte RAM, 64 KByte ROM, Festplatte mit 30 MByte und Diskettenlaufwerk mit 1,2 MByte.

Die Handelsfirma TRANSCOMMERZ aus Berlin (West) stellt zu den Leipziger Messen Kopier- und Computertechnik aus. In erster Linie handelt es sich dabei um Erzeugnisse des Toshiba-Konzerns. Der kleinste PC-AT-Kompatible, so der Aussteller, sei der **Toshiba 3100** (Bild 18). Er hat in der Grundausstattung 640 KByte Hauptspeicher, der erweiterbar auf 4,6 MByte ist. Eine 3,5″-Festplatte mit 10 MByte und ein 3,5″-Diskettenlaufwerk mit 720 KByte Speicherkapazität sind in das Gerät integriert. Eine Reihe von Schnittstellen ermöglicht den Anschluß zusätzlicher Peripherie, z. B. externes Floppy-Laufwerk, Akustikkoppler, Farbdisplay.

EPSON ist seit einigen Jahren auf der LFM vertreten. Das Unternehmen hat eine sehr breite Produktionspalette und fertigt nahezu alle Komponenten für seine Finalerzeugnisse selbst. Zum Ausstellungsprogramm in Leipzig gehörten PC, sogenannte Handheld-Computer, Drucker und Baugruppen. Der **EPSON PC** (Bild 19) (Prozessor 8088, Koprozessor 8087 steckbar) läuft unter MS-DOS 3.2. 256 KByte RAM sind auf der Hauptplatine; erweiterbar auf 512 KByte, mittels einer Steckkarte auf 640 KByte aufrüstbar.
Den PC gibt es als Floppy-Disk-Version mit zwei Diskettenlaufwerken mit je 360 KByte und als Hard-Disk-Version mit einem Diskettenlaufwerk und 20 MByte Disk.
Der **HX-20** (Bild 20) gehört zur Gruppe der Handheld-Computer.

9

Er verfügt über zwei 6301-CMOS-LSI-Mikroprozessoren und ein 32-KByte-ROM (intern auf 40 KByte, extern auf 72 KByte erweiterbar) und 16 bzw. mit Erweiterung 32 KByte RAM. Die als Option ins Gehäuse des HX-20 einsteckbare Mikrokassette speichert pro Seite (MC 30) 129 KByte. Am Gehäuse stehen eine RS 232 C (V.24) – Schnittstelle sowie ein High-Speed-Serial-Interface, ein Lesestift-Interface, ein Kassetten-Interface und der Systembus zur Verfügung. HX-20 kann auch Peripheriegerät wie Drucker, Kassettenspeicher oder Floppy Disk bedienen.
Das LCD-Display zeigt vier Zeilen mit je 20 Zeichen oder bei Grafik 120 × 32 einzeln ansteuerbare Punkte.

Commodore und ATARI waren in diesem Jahr erstmals auf der Leipziger Frühjahrsmesse vertreten. Beide sind als traditionelle Heimcomputerproduzenten bekannt. Immer mehr werden diese Geräte aufgrund ihrer Leistungsfähigkeit für betriebliche Aufgaben genutzt. ATARI stellte u. a. in Leipzig den **130XE** vor. Der 8-Bit-Computer hat eine Speicherkapazität von 128 KByte RAM und 24 KByte ROM. Die 128 K sind in zwei Blöcke zu je 64 K aufgeteilt. Über ein Bank-Switching ist der Zugriff möglich. Verwendet wird der Prozessor 6502 mit 1,79 MHz Taktfrequenz.
Eine Neuentwicklung ist der **ATARI PC** mit MS-DOS-Betriebssystem (Bild 22). Die Taktgeschwindigkeit ist von 4,77 auf 8 MHz umschaltbar. Der PC verfügt über 512 KByte Hauptspeicherkapazität und 256 KByte Bildschirmspeicher. Alle Peripheriegeräte der ST-Serie können angeschlossen werden.
Laut Commodore Büromaschinen GmbH soll der C 64 der meist verkaufte Computer der Welt sein. Eine Weiterentwicklung ist der **C 128 PC** (Bild 21). Er hat drei integrierte Prozessoren und somit drei Betriebssysteme. Im C-64-Modus können die Programme des C 64 abgearbeitet werden (6510-kompatibler Prozessor). Weiterhin gibt es den sog. C-128-Modus (Prozessor 8502, 1 oder 2 MHz) und den CP/M-Modus (Prozessor Z 80 A, 4 MHz). Die Speicherkapazität beträgt im C-64-Modus 64 KByte sonst 128 K.
I. Paszkowsky, H. Weiß
wird fortgesetzt in MP 6/87

Fotos: Paszkowsky (11), Weiß (8), Werkfotos (3)

6

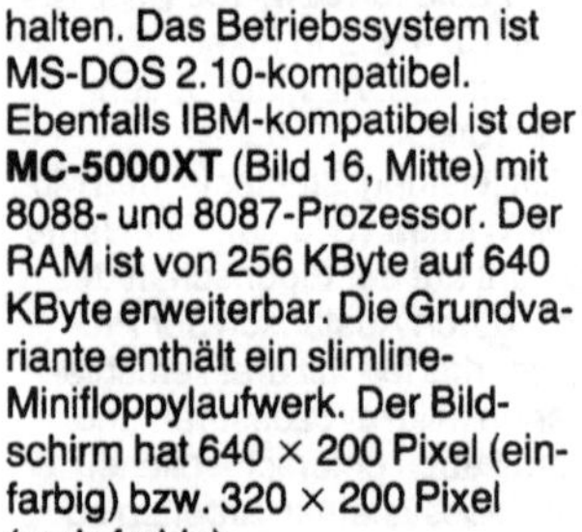

7

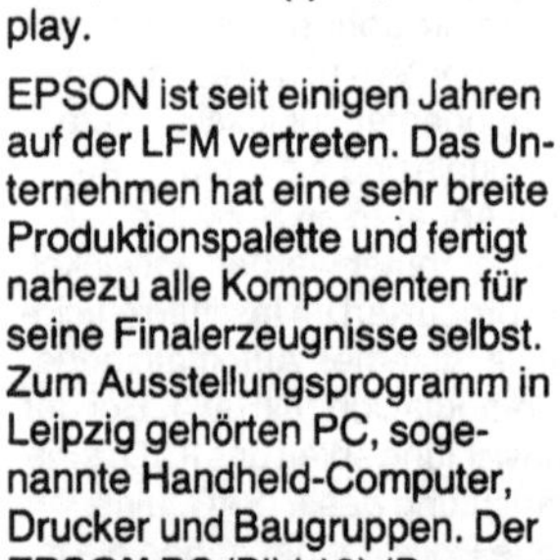

8

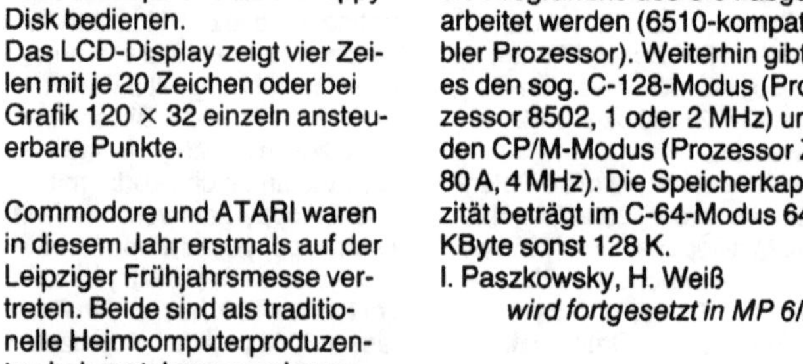

10

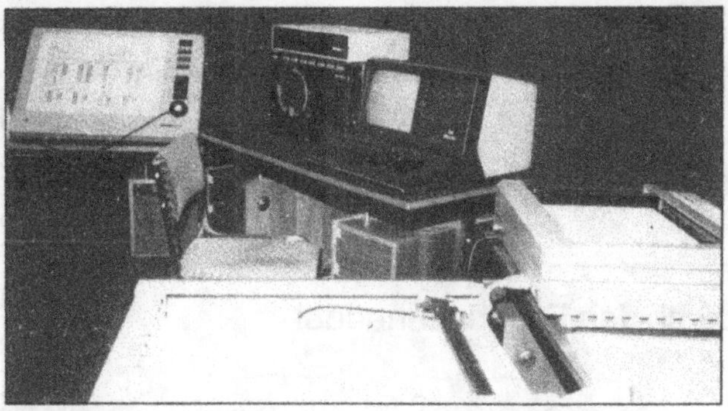

11

12

13

14

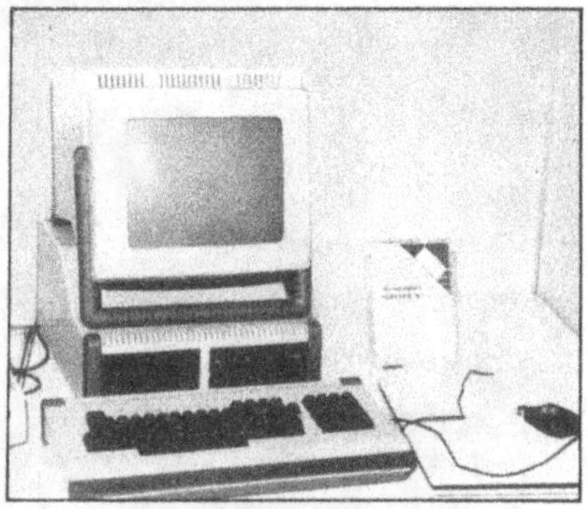

15

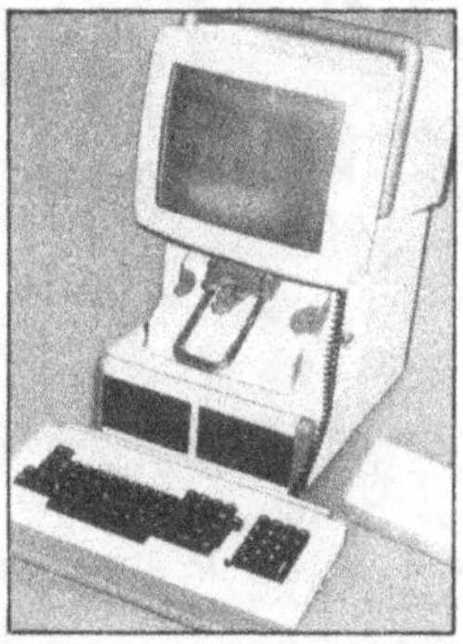

16

17

18

19

20

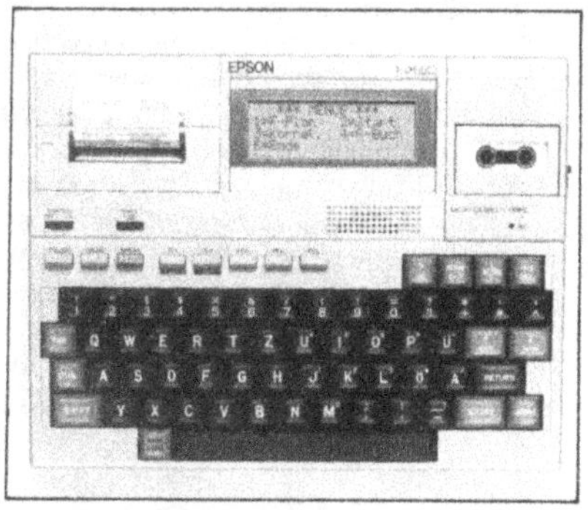

21

22

ISSN 0233-2892
Mikroprozessortechnik, Berlin 1 (1987) 5
S. 129–160

www.ingramcontent.com/pod-product-compliance
Lightning Source LLC
LaVergne TN
LVHW080752300926
849162LV00008BA/1798